宇宙探秘

董仁威 主编
徐渝江 编著

时代出版传媒股份有限公司
安徽教育出版社

图书在版编目（CIP）数据

宇宙探秘／徐渝江编著. —合肥：安徽教育出版社，2013.12
（少年科学院书库／董仁威主编. 第2辑）
ISBN 978 - 7 - 5336 - 7757 - 2

Ⅰ.①宇… Ⅱ.①徐… Ⅲ.①宇宙－少年读物
Ⅳ.①P159－49

中国版本图书馆CIP数据核字（2013）第295967号

宇宙探秘
YUZHOU TANMI

出 版 人：郑　可
质量总监：张丹飞
策划编辑：杨多文
统　　筹：周　佳
责任编辑：朱　矾
装帧设计：张鑫坤
封面绘图：王　雪
责任印制：王　琳

出版发行：时代出版传媒股份有限公司　　安徽教育出版社
地　　址：合肥市经开区繁华大道西路398号　邮编：230601
网　　址：http://www.ahep.com.cn
营销电话：(0551)63683012,63683013
排　　版：安徽创艺彩色制版有限责任公司
印　　刷：合肥中德印刷培训中心印刷厂

开　　本：650×960
印　　张：13.75
字　　数：180千字
版　　次：2014年4月第1版　2014年4月第1次印刷
定　　价：26.00元

博览群书与成才

安徽教育出版社邀我主编一套《少年科学院书库》，第一辑16部已于2012年9月出版，忙了将近一年，第二辑13部又要问世了。

《少年科学院书库》有什么特点？"杂"，一言以蔽之。第一辑，数理化天地生，基础学科，应用学科，什么都有一点。第二辑，更"杂"，增加了文理交融的两部书：《万物之灵》和《生命的奇迹》，还增加了以普及科学方法为特色的两部书：《探秘神奇大自然》和《气象科考之旅》。再编《少年科学院书库》第三辑的时候，文史哲，社会科学也会编进去，社会科学与自然科学共存。

《少年科学院书库》为什么编得这么"杂"？因为现代社会需要科学家具备广博的知识，需要真正的"博士"，需要文理兼容的交叉型人才。许多事实证明，只有在继承全人类全部文化成果的基础上，才能够在科学技术上进行创新，才能够为人类的进步作出新的贡献。

不久前，我同四川大学的几百名学子进行了一场博览群书与成才关系的互动式讨论。我用大半辈子的切身体会回答了学子们的问题。我说，我是学理科的，在川大学习时却把很多时间放在读杂书上，放在读中外名著上。当然，课堂内的学习也很重要，是一生系统知识积累的基础，我在大学的课堂内成绩是很好的，科科全优，毕业时还成为全系唯一考上研究生的学生。

但是，不能只注意课堂内知识的学习，读死书，死读书，读书死。而要博览群书,汲取人类几千年创造的文化精粹。

不仅在上大学的时候我读了许多杂书,我从读小学时就开始爱读杂书。我在重庆市观音桥小学读书的时候,便狂热地喜欢上了书。学校的少先队总辅导员谢高顺老师,特别喜欢我这个爱读书的孩子。谢老师为我专门开办了一个"小小图书馆",任命我为"小小图书馆"的馆长。我一面管理图书,一面把图书馆中的几百本书"啃"得精光。我喜欢看什么书?什么书我都喜欢看,从小说到知识读物,有什么看什么。课间时间看,回家看。我常常坐在尿罐(一种用陶瓷做的坐式便桶)上,借着从亮瓦中射进来的阳光看大部头书,母亲喊我吃饭了也赖在尿罐上不起来。看了许许多多的书,觉得书中的世界太精彩了。我暗暗发誓,长大了我要写上一架书,使五彩缤纷的书世界更精彩。这是我一生中立下的一个宏愿。

博览群书使我受益匪浅,走上社会后,我面对复杂的社会、曲折的人生遭遇,总能应用我厚积的知识,找出克服困难的办法,取得人生的成功。

现在,我已写作并出版了72部书,主编了24套丛书,包括《新世纪少年儿童百科全书》《新世纪青年百科全书》《新世纪老年百科全书》《青少年百科全书》《趣味科普丛书》《中外著名科学家的故事丛书》《花卉园艺小百科》《兰花鉴别手册》《小学生自我素质教育丛书》《四川依然美丽》等各种各样的"杂书",被各地的图书馆及农家书屋采购,实现了我的一个人生大梦:为各地图书馆增加一排书。

开卷有益,这是亘古不变的真理。因此,我期望读者们耐下心来,看完这套丛书的每一部书。

董仁威

(中国科普作家协会荣誉理事、四川省科普作家协会名誉会长、

时光幻象成都科普创作中心主任、教授级高级工程师)

2013 年 2 月 26 日

我们生活在一个丰富多彩的世界里,白天有温暖明亮的阳光照耀,夜晚有月亮和星星陪伴,有四季的更替,有风雨雷电。随着科学的发展、社会的进步、人民生活的改善,普通人的视角也开始伸向了宇宙,越来越多的开始关心地球安危,比如刚刚过去的 2012 年,多少人因为 2012 奇特的天象和各种传说而恐慌。终于充满神秘色彩的 2012 年过去了,地球还与昨天一样,太阳照常东升西落,超级月亮没有引起大海啸,带来大灾难;小行星也没有将地球碰得更偏,从而毁灭地球生物;2012 年冬至地球也没有天空连黑三天,冬至过后也没有天地倒转,天灾连连……如果普通人能够更多一些地了解一些天文知识,一定会减少一些恐慌,将日子过得更加平静而美好。

我们生活在一个和平的年代,中国没有战争,人民安居乐业。但是随着地球人类的增加,资源的减少,飞出地球村向别的星球获取资源是趋势。从 1961 年苏联的加加林第一个进入太空到 1969 年美国的阿姆斯特朗登上月球后,人类在天空建立了空间站,人类开始探索在天空长期生活和工作;近年来中国航天也在奋起直追,神舟飞船九次升空,一步一个飞跃,将航天员送入太空,并在仓外太空作业,这些也将中国人的目光引向了太空。了解一些太空知识,也许太空是人类未来的家园。

太阳为什么会发光和热?夜空里的星星有多少颗?宇宙有多深多大?什么是恒星行星和小行星?小行星怎么会碰撞地球?这一切仿佛就在我们身边,但又离我们非常遥远,这些问题看似寻常,但又充满神秘。

这是一本以简单的语言、通俗的故事讲述宇宙奥秘的科普读物,相信你读后可以获得一些有趣的知识。

目录

▶▶ 宇宙的奥秘

▶▶ 我们的太阳系

飞出地球村

宇宙的奥秘

晴朗的夜晚,你一定仰望过天空,星星的世界是那样的遥远而神秘。你一定想知道宇宙是什么? 宇宙有多大? 天上有多少星星? 星星是不是也有妈妈? 星星是怎样在长大? 太阳会老吗? 太阳会死吗? 如果太阳会死人类将怎么办? 你可能还会思考更多的问题。

什么是宇宙

宇宙的秘密是人类最大的秘密

我们常常说到宇宙,可什么是宇宙呢?宇宙就是我们生活在其中的整个世界以及世界以外的一切事物。包括我们看得见摸得着的一切和看不见摸不着的一切。是的,我们见到的太阳、月亮、星星、地球都是宇宙中的天体,还有地球上的动物、植物、你和我以及所有的一切都包括在宇宙间。

其实,宇宙里最主要的天体是恒星。也就是我们看见的大多数的星星。每颗恒星都是一个发光的太阳。恒星并不是均匀分布在太空的,它们喜欢相互绕转,三五成群,还喜欢更多的星星聚集成大的星群。宇宙中有许多这种巨大的星群,我们把它们叫做星系。星系就像一座由许多星星组成的大城市。

还有一个事实要告诉你:构成人体的基本物质和构成一颗星星的基本物质是相同的。

宇宙看上去是那么深邃,那么神秘。宇宙是怎么来的?它有多大?

哈,这个问题,一定是许多朋友都想过的问题,这可是一个宇宙中的大秘密,对,它是一切秘密中的最大秘密!

大多数天文学家认为,宇宙中的所有物质起先都聚合在一起,组成一个团,我们就叫它"宇宙蛋"吧。

大约在150亿年前,"宇宙蛋"上的温度在一万亿度以上,密度极大。在"宇宙蛋"上只有中子、质子、电子、光子及中微子等一些基本粒子形态的物质。

终于有一天,这个"宇宙蛋"发生了爆炸,温度迅速降低,1秒钟后就降到100亿度左右,这时开始出现了一些最简单的原子核(氢核),宇宙中质子与中子数的比例开始固定下来。到了第3分钟,宇宙中的温度大约降到了10亿度,这时开始形成氢和氦——宇宙中的一系列元素演化从此开始。大约过了70万年,星系开始形成,中性原子出现,大致显现出现在的宇宙形态。

需要正确理解的是:"宇宙蛋"并不能简单地想象为是一个蛋或者芝麻、绿豆大的一个小点,它一定是一个复杂的,神秘的,也许是"无边"的"宇宙蛋"!

宇宙在膨胀

古时候人们认为地球是宇宙的中心,是静止不动的,一切天体都是围着地球在运动。后来哥白尼提出了太阳是宇宙的中心,再后来,人们才认识到宇宙是非常非常地大,现在还不知道它的边在哪里。

过去,多数人都相信宇宙是基本稳定的,是永恒的! 1929年,天文学家哈勃发现,所有星云都在彼此互相远离,而且离得越远,离去的速度越快。那条天上的银河也在以惊人的速度远离我们。由此,他得出结论,整个宇宙在膨胀! 星系彼此之间的分离运动也是膨胀的一部分,而不是由于任何斥力的作用。

宇宙是怎样在膨胀的呢? 让我们来做个实验,拿一只带有小斑点的气球,慢慢把气球吹大,瞧,宇宙就是这样在膨胀的。每个小点就是一个星系,瞧,星系间的距离在扩大,我们就住在这些点上。我们还可以假设星系不会离开气球的表面，只能沿着表面移动而不能进入气球内部或向外运动。

如果宇宙不断膨胀，也就是说，气球的表面不断地向外膨胀，则表面上的每个点彼此离得越来越远，其中某一点上的某个人将会看到其他所有的点都在退行，而且离得越远的点退行速度越快。

啊，不好！"嘣"的一声，你手中的气球爆炸了。

宇宙的终结

宇宙膨胀到最后也会像气球一样爆炸吗？

不。一些天文学家认为随着各个星系间的距离不断加大，宇宙还将继续膨胀，会一直膨胀下去，无边无际。可是宇宙的不断膨胀，使各种星系和其他天体彼此高速远离而去，宇宙物质将变得越来越稀疏，密度也越来越小。如若如此，我们的宇宙终将变得"空空荡荡"。于是又有另一种理论认为：当宇宙膨胀使星系之间的距离变得足够"巨大"的时候，就会有许多新的物质从"虚无"中被创造出来，以填补出现的"间隙"，维护宇宙物质的应有密度，他们甚至计算出新物质产生的速度。

另一些天文学家则认为，宇宙总有一天会停止膨胀，各个星系将互相吸引而靠近，直到最后发生猛烈的碰撞而融合在一起，回到宇宙最初的"宇宙蛋"状态。这叫做"大坍聚"。

然后呢？宇宙就死了吗？

是的。有一种假说，最后宇宙是会消亡的。可是还有一种假说，宇宙在收缩到一定程度后又开始膨胀，就像一个大弹簧一样一胀一缩，永不停止。宇宙就在这样一收一缩的动荡中永存。

听了许久，也许你越听越糊涂。用你自己的大脑想想你就会明白了。宇宙从哪里来？宇宙会死亡吗？宇宙……一切都是假说。宇宙的过去和未来谁也不知道真正是什么样子。一切都是假说！而对今天的宇宙，人类也只是看到了一点点，了解了一点点。这里面的学问太多了，你是不是有了想法：一定要好好学习，将来研究出一个更好的假说。

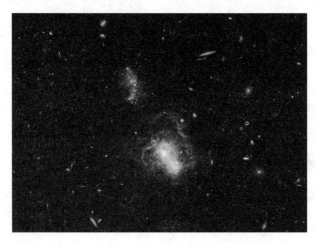

宇宙深处

太阳系的起源

星云假说

太阳系像一个大家庭,而太阳就是家长,八大行星和无数小行星等围绕太阳运转。而我们赖以生存的地球是太阳系中普通的一员,因为恰到好处地接受着太阳光的恩赐,才得以变得如此生机勃勃。可是太阳系是从哪里来的呢? 它起源于什么? 比较流行的说法是由星云形成的。

1755 年,德国哲学家康德首先提出了太阳系起源的星云假说。他认为,太阳系是由原始星云演化而成的。在这个原始星云中,固体微粒在万有引力的作用下相互接近,大微粒吸引小微粒形成较大的团块,团块又陆续把周围的微粒吸引过来,就这样,像滚雪球一样,团块越来越大,就形成了各种天体。引力最强的中心部分吸引的物质最多,先形成太阳。外面的微粒在太阳吸引下向其下落时,与其他微粒碰撞而改变方向,变成绕太阳做圆周运动,后来运动中的微粒又逐渐形成一个个的引力中心,最后凝聚成朝同一方向转动的行星。

1796 年后,法国著名的数学家和天文学家拉普拉斯也独立地提出了关于太阳系起源的星云假说。与康德的星云说不同之处在于,他认为太阳系是由炽热气体组成的星云形成的,而星体形成是由于热气体冷缩。

气体由于冷却而收缩时,质量变得更加集中,因此自转加快,离心力也随之增大,于是星云变得十分扁平。在星云外缘,离心力超过引力的时候便分离出一个圆环,这样反复分离成许多环。圆环由于物质分布不均匀而进一步收缩,形成行星,中心部分形成太阳。

现代星云说

继星云说之后,又相继出现了"灾变说"、"俘获说"等理论。人们对于太阳系形成的问题一直十分好奇,但是问题好像一直没有得到很好地解决。

随着现代天体物理学和物理学的发展,特别是恒星演化理论建立后,科学界产生了现代星云说,并逐渐占了主导地位。现代星云假说根据观测资料和理论计算,提出它的主要观点:宇宙起源于一个温度极高、密度极大的由基本粒子组成的"原始火球"(或者说是"宇宙蛋")。火球发生了大爆炸,产生了氢和氦,于是宇宙诞生了。

火球爆炸后的碎片逐渐变成了星云、星系、星系团。这些星云、星系、星系团又以各自不同的速度朝不同的方向分离。太阳系原始星云是巨大的星际云瓦解的一个云块,一开始就在自转,密度较大的星云在自身引力作用下逐渐收缩,星云中央部分内部开始增温,形成原始太阳。当原始太阳中心温度达到 700 万℃时,氢聚变为氦的热核反应被点燃,一颗真正的太阳——恒星诞生了。

另一方面,由于星云体积缩小,因而自转加快,离心力增大,逐渐形成一个旋转的星云盘。星云盘上的物质在凝聚和吞并过程中,逐渐形成了地球一类的行星。就这样,一个太阳系形成了。

虽然这种想法基本上解释了行星运行在同一平面上,且公转和自转的方向一致的原因,因为大家的起源是相同的,原始的运行状态也是一模一样的。但是,虽然星云说可以合理解释许多观测事实,但也存在一些疑难。最大的疑难源于解释角动量转移问题。

什么是角动量转移呢？角动量是度量物体旋转能力的一个物理量，角动量越大，物体旋转能力就越强。而行星不仅有绕自转轴的转动，还有绕公转轴的转动，所以角动量是很大的。比如说木星在绕自己的轴自转时，也在绕太阳进行公转，它的角动量是巨型太阳角动量的 30 倍。这样算下来，所有行星角动量的总和是太阳角动量的 50 倍。这就带来问题了：如果太阳系形成初期只是单一的带有角动量的星云的话，怎么会在那么小的质量上集中了那么多的角动量，并在释放之后形成这些行星呢？换句话说，太阳系在形成过程中是怎样将角动量转移到外围行星上的呢？

天文学家没能在"星云说"中找到合理解释答案。

1944 年，德国科学家卡尔·夫兰垂·克·冯·韦茨萨克将"星云假说"进一步发展、提高。他认为旋转的星云是逐级收缩而形成行星的，首先是第一颗，然后是其他颗依次而成。天文学家们可以把星云中的电磁作用考虑进去，这样就解释了角动量是以什么形式由太阳转移到行星上去的。

不过尽管如此，"星云说"依旧面临一些质疑，最终答案还要科学家们不断地探索和发现。

在太阳系中，太阳质量占太阳系总质量的 99.8%，它以自己强大的引力将太阳系里的所有天体牢牢地吸引在它的周围，使它们不离不散、井然有序地绕自己旋转。同时，太阳又作为一颗普通恒星，带领它的成员，万古不息地绕银河系的中心运动。我们生活在这样神秘的太阳系中，弄清楚它是怎样产生的，我们才能更好地认识到人类在宇宙中的地位和意义。

150 亿年以来，宇宙在不断膨胀，温度在逐渐降低，直至宇宙的近期，在一些星球上产生和繁衍了生物。比如在地球这颗行星上产生了人类动物和植物。

太阳系的起源

我们居住的银河系

银河系

夏、秋晴朗的夜晚,你可以看到夜空里有一条亮亮的像是白云一样的长带,这就是天河。欧洲人把银河称为"牛奶色道路"。

中国传说中它是王母娘娘在天上划出的一条奔腾的大河,拦住了带着两个孩子去追织女的牛郎。而每年"七夕"地面的喜鹊都会飞到天上,在天河上搭起鹊桥,让牛郎和织女在鹊桥相会。

其实,天河就是我们居住的银河系。它是由许多恒星和无数星云、星团构成的庞大恒星系。

银河系的形状像一块大铁饼,边缘薄,中间厚,它的圆盘直径为 10 万光年,厚度大约 6000 光年。

银河系中心凸起的部分叫"银核",四周扁平区域叫"银盘"。越在银河系的中心,恒星越密集,在银河系中像太阳一样的恒星有 1000 多亿颗。银河系的银盘环绕银河系中心轴旋转,每旋转一周约需 2.5 亿年,轨道近似圆形。太阳系也绕着这根轴旋转,旋转一周大约需要 2 亿年。银河系除了环绕中心自转以外,这个庞大的整体又以每秒 214 公里的速度在宇宙中不断地运动着。

我们的地球和太阳在银河系的边缘上,所以我们看到银河系为一条长长的明亮的光带。在夏季,当地球转到太阳与银核之间时,我们可以看到繁星满天的夜空；而在冬季，地球转到远离银核的一边，晚上明亮的星星就少多了。这就是夏季夜空更迷人的道理。

银核中心有些什么？我们现在还不很清楚，但它那儿有很大的引力，还发出很强的辐射能，还有神秘的银河弧光。有人说银河系中心可能有一个大黑洞。

我们居住的银河系是一个旋涡星系，从银河系的上方看，它就像是一个带着许多条旋臂的旋涡。从银河系的核心处向外伸出几条很长很长的旋臂。旋臂是恒星世界盛衰变化的热闹场所，那里既有青春焕发、光芒四射的年轻星星，也有老之将至，不断衰亡的老星。大小旋臂大约有 100 条，其中四条主要旋臂起源自银河的核心。这四条主要旋臂是人马臂、猎户臂、英仙臂、天鹅臂。

银河系好大呀！有一千多亿颗恒星，地球上每个人都可以分到几十颗呢。

河外星系

但是在宇宙中，银河系还不算大。

其实，人类对宇宙的认识在不断的扩大。开始以为地球是宇宙的中心，后来承认了地球只是一颗绕太阳运行的普通行星，认识了太阳系，再后来以为银河系就是整个宇宙。现在又发现银河系还不算大，科学家已经发现 10 亿多个和银河系同样庞大的恒星系统，把它们通通叫做河外星系。

这些星系有的像旋涡，有的像棒槌，有的呈不规则形状。

河外星系是由几十亿至几千亿颗恒星、星云和星团构成。我们肉眼看得见的河外星系有仙女座星系和大小麦哲伦星系。

他们和太阳系一起又组成了一个相互缠绕着运动的星系团。

前面我们就多次说到了星云,那么星云是什么呢？在晴朗的夜空,我们除了可以看到点点繁星外,还可以在天空中某些部位上,看到一些像云雾一样的光斑,这就是星云。

在地球上看上去一样的星云,实际上差异非常大,有本质的不同。

由银河系内弥漫在太空中的气体和尘埃物质组成的天体称为河内星云;另一些是在银河系以外的恒星聚合体,叫做河外星云。

实际上,一个河外星云就是一个河外星系。

从河外星系的发现,可以反观我们的银河系。它仅仅是一个普通的星系,是千亿星系家族中的一员,是宇宙海洋中的一个小岛,是宇宙中很小很小的一部分,并不是宇宙的核心。

银河系

河外星系是与银河系类似的天体系统,距离都超出了银河系的范围,因此称它们为"河外星系"。仙女座星系就是位于仙女座的一个河外星系。河外星系与银河系一样,也是由大量的恒星、星团、星云和星际物质组成。目前观测到的星系有 10 亿个之多,如 1518～1520 年葡萄牙人麦哲伦环球航行到南半球,在南天空肉眼发现了两个大河外星云(河外星系),命名为:大麦哲伦云和小麦哲伦云,它们是距银河系最近的河外星系,而且和银河系有物理联系,组成一个三重星系。麦哲伦星系距离地球约16万光年,直径达5万光年,我们用肉眼都能看到它。而那些遥远的河外星系,即使用大型天文望远镜,也只能看到一个极暗淡的星斑。

河外星系

河外星系的形态五花八门,丰富多彩。有的像江河里的旋涡,有的像棍棒,有的呈椭圆状和透镜状,也有些是不规则的。河外星系的体积和质量和银河系差不多,其中有的比银河系还要大得多。

人类对河外星系的认识,经历了漫长的过程,直到20世纪初才获得了肯定的结论。现在,人们已经把宇宙的"地平线"推到137亿光年远的地方,观测到的河外星系已在10亿个以上,每个星系里有数以千亿计的星星。

星团和星云

美丽的星团"七仙女"

天空中"七仙女"在哪儿？藏在金牛座里面。七颗亮晶晶的星星聚集在一起，古人把它们叫做昴星团。不仅是中国，在其他各国的神话中，也把它们当做是住在天上的七个仙人。古罗马还认为它们是七个有名的诗人。

昴星团距离地球大约420光年，用天文望远镜可以分辨出2000多颗星星。其中有十分之一左右真正聚在一起，其他的则是貌合神离，实际上相差很远。

昴星团

上面介绍了昴星团,那么什么是星团呢?

所谓星团就是天空中显得彼此很接近并似乎有共同性质(如距离和运动)的恒星集合。星团和双星没有什么不同。星团的星数都超过 10 个以上,大的星团星数可达几十万颗。在有名的武仙座球状星团里,恒星密密麻麻的,至少有 10 万颗。它们都有共同的起源,年龄差不多,对研究恒星演化有很大意义。

星团可分为疏散星团和球状星团两类。疏散星团中恒星的数量较少,一般由十几颗到几百颗恒星所组成,具有不规则的外形结构,多分布在银河系的银盘内。星团的直径大约为 6 光年到 50 光年。组成疏散星团的恒星年龄不等,有许多疏散星团的成员都是非常年轻的恒星。现在已经知道疏散星团的总数有一千多个。前面介绍的民间称之为"七仙女"的金牛座昴星团就是著名的疏散星团。其实,昴星团中远不止七颗星,而是由数百颗恒星组成的。此外,毕星团、鬼星团,也是著名的疏散星团。

球状星团是一种规模较大的恒星集团,一般由几千颗到几十万颗恒星组成,它们从边缘向银河系中心区域高度聚集。这类星团外形呈球状或扁球状,因此称为球状星团。它们是银河系中恒星分布最为密集的地方之一。球状星团的直径多为 130 光年到 300 光年。现在在银河系中已发现的球状星团约 500 多个,其中的恒星成员都是相处上百亿年的老朋友了。这些处于生命晚期的恒星都是银河系家族的老前辈,它们都是在银河系形成初期就诞生了。球状星团的成员众多,规模巨大,因此它们的身影有些用肉眼就能看到。比如,武仙座中的大星团 M13 就是一个典型的球状星团,半人马座 ω 星团是最亮的球状星团。

我们还常常可以看到模模糊糊的太空"云雾"——星云。在晴朗的夜空,除了可以看到点点繁星外,还可以在天空中某些部位上看到一些像云雾一样的光斑,这就是星云。星云是在银河系或其他星系的星际空间中由非常稀薄的气体或尘埃构成的许多巨大天体之一。

发射星云

星云是什么

星云中的物质密度是非常低的。如果拿地球上的标准来衡量,有些地方几乎就是真空。但星云的体积非常庞大,往往方圆达几十光年。因此,一般星云比太阳还要重得多。

星云的形状千姿百态。有的星云形状很不规则,呈弥漫状,没有明确的边界,叫弥漫星云;有的星云像一个圆盘,淡淡发光,很像一个大行星,所以称为行星状星云。

弥漫星云比行星状星云要大得多、暗得多,密度更小。弥漫星云中又有暗星云和亮星云之分。

暗星云是一种不发光的星云,人们所以还能看见它,是由于暗星云本身掩蔽了天空背景射来的星光。比起亮星云来,暗星云内部的尘埃密度要大得多。正是这些浓密的尘埃遮住了星光,使这块天区看上去漆黑一团,使人很难把它和夜晚的天空背景区别开来。其实,说它浓密,一立方米的空间里也只有一颗尘埃。按地球上的标准来说,这简直太稀薄了。但暗星云的厚度却大得惊人,能达到几亿亿公里。就像树木虽稀但面积很大的森林一样,是足以挡住背后的星光的。浓密的暗星云是恒星生长的肥沃土壤。星云内部某处的气体和尘埃密集到一定程度,就可能很快地收缩,形成恒星。暗星云中最神秘的东西便是各种各样的星际分子,其中甚至可以找到生命的种子——蛋白质中的氨基酸分子。

亮星云是一种发光的星云,它中央有一颗温度很高的恒星辐射出强烈的紫外线,星云吸收后再转换成可见光辐射而发光。

行星状星云是一种带有暗弱延伸视面的发光天体,通常呈圆盘状或环状。在它们的中央,都有一个体积很小、温度很高的核心星。观测表明,行星状星云在不断膨胀之中,密度变得越来越小。现在已发现的行星状星云有一千多个。

从地球上看上去一样的星云,实际上差异非常大,有本质的不同。由银河系内弥漫在太空中的气体和尘埃物质组成的天体称为河内星云;另一些银河系以外的恒星聚合体称为河外星云。实际上,一个河外星云就是一个银河系。到目前为止,已经发现10亿多个相当于银河系的河外星云,这些星云有的像旋涡,有的像棒槌,有的呈不规则形状。我们肉眼能够看见的河外星云有仙女座星云和大小麦哲伦星云。

从星云和恒星演化的角度看,星云和恒星有着"血缘"关系。恒星抛射出的气体会成为星云的一部分,而星云物质在引力作用下可能收缩成为恒星。在一定的条件下,它们是可以互相转化的。如环状星云就是它的中心星"喷云吐雾"的结果;蟹状星云是超新星爆发时产生的"硝烟";而猎户座大星云正在精心地哺育着一个"太阳"。

我们研究星云对探索恒星的形成、星前物质和星际物质的成分等，都有极为重要的意义。

夜空里美妙的精灵——星星

天上有多少星星

天上星亮晶晶,好像许多小眼睛……

如果能在夏天的夜晚躺在院子里的竹椅上,望着神秘的星空,数着闪闪的小星星,不知道多有趣呢。

瞧,那儿有一颗闪光的星星在走路。

有什么奇怪的,那是一颗人造卫星。

突然,一颗燃烧的星星划破夜空,一闪,就消失了。

快看,快看,星星掉下来了。

那是一颗流星。正在大气层里燃烧呢,不等掉到地面就化为灰烬了。

天上究竟有多少颗星星? 我们肉眼能够看得见的星星约有 6500 多颗。这只是天上星星的一小点点,实际上我们看不见的星星要多得多。如果在天文望远镜里,我们可以看到的星星更大更亮也更多。天文望远镜的放大位数越大,看到的星星就越多。

有的星星两颗缠绕在一起,那是双星。

有的暗淡的星星突然发亮,那是新星。

有的星星很年轻,有的星星很老,有的星星会突然爆炸。

星星是个很大很大的家族,有恒星、有行星、彗星、流星、小行星……,人造卫星是星星家族里的新成员。

太阳是星星，月亮是星星，地球还是星星。

恒星是燃烧的大火球，因此它是发光的；行星不发光，它的点点星光来自太阳光的反射；月亮也不发光，那银白色的光芒全是反射太阳的光辉。

你数过星星吗？我敢说你一定是数来数去，总是弄乱，怎么也数不清。天上的星星数不清，一点也不奇怪，因为他们真是太多太多了，每个人都不可能数得清。不过，如果你认识星座，就可以数清楚你看得见的星星啦！

在天文学家的眼里，每颗星星都像一个孩子，都有他们好听的名字。他们要找哪颗星星，天文望远镜就往哪里一指，马上就找到了。这是因为天文学家不但认识星座，还把星座图牢牢地记在了脑海里，就像你们背乘法口诀表一样。

什么是星座呢

人类聪明的祖先为了观察和寻找星星，将天空划分为好多区域，而对挨近的几颗星星想象出一个形状，取上一个有趣的名字，就形成了星座。熟悉了星座，再要寻找某颗星星，就像寻找几排几座的一位同学那么容易。

目前国际通用的是将星空分为 88 个区域，每一区域叫做一个星座，有时也指某个区域中的一群星星。

一些星座与希腊神话中的有趣故事联系起来命名。如：宇宙中最高权威"仙王座"和"仙后座"、被变成熊的母子"大熊星座"和"小熊星座"、毒死猎人的"天蝎座"、成天追着大、小熊星座的"猎户座"和"猎犬座"等等。

星座在天空的位置，是随时间和季节而变化的，有些星座永远不会同时出现在天空上。

由于地球绕太阳运动,在一年中不同季节夜晚的相同时间,我们看到的星空是不一样的。

认真观察还可以发现,群星和日月一样,每天都在做东升西落的运动,绕北极星画出一个个大小不等的圆圈。这是因为地球自西向东旋转造成的。

闪闪的星星谁最亮

如果你在天文望远镜下观察星星,一定会发现一个星星的秘密:每颗恒星都会发出美丽的光芒,它们像是一颗颗镶在神秘夜空里的宝石,有的发蓝光,有的发红光,有的发白光,还有的发黄光,有的亮晶晶的,有的悄悄地藏在夜海深处。

为什么他们会发出不一样的光芒?为什么他们有明有暗呢?

其实这和我们平时使用的炉火是一样的道理,蓝色火焰温度最高,因此,发蓝光的星星温度最高,也最亮的;其次是发白光和发黄光的星星;发出红光的星星最暗,它的温度也最低。

我们太阳发出的是黄光,它的表面是 6000℃,是一颗不算太亮也不算太暗的中等星星。而全天看上去最亮的天狼星发出的是白光,它的温度达到 1 万℃,比太阳更热更亮。

为什么我们看上去,最亮的星星不是发蓝光的星星呢?动动脑筋就会明白,因为许多发蓝光的星星离我们太远了,虽然它最亮,可我们还是看不见,或者只能看见一点点。

通常,发蓝光的星星是年轻的星星,温度超过 1 万℃;发黄光的星星为壮年星星,而发红光的多为老年恒星。如,天蝎座的大火星发出红色光芒,它的表面温度只有 3000℃。

星星的亮度可以划分为六个等级。一等星是最亮的,这种星星全天有 20 多颗,一眼望去亮晶晶的。六等星的亮度用肉眼勉强可以看得见。相差一个星等,亮度大约相差 2.5 倍,这样,一等星就要比六等星亮上 100 倍。

星星为什么会闪烁

朋友,当你仰望夜空里的星星,有时候会发现星星在对你眨眼睛,一闪一闪地。

星星之所以看上去像眨眼似的一闪一烁,这是因为我们在地球上看它的缘故。事实上,星星在外太空发出的光是稳定的,但是因为地球周围有空气存在,当星星的光线向地球照射过来时,光线经过冷热不同的空气层,便会发生弯曲和波动,所以看上去星星像在眨眼睛。

我们来做一个实验吧,把一根吸管放到水杯中,你看,这根吸管本来是直的,可是现在看上去却是弯曲的。这是因为吸管的一半在空气中,另一半在水中,光在经过不同物质时,会发生光的弯曲。星星的光芒经过大气层就像我们看到的这根吸管一样,发生了变形和弯曲。

正因为我们在地球上看星星是闪烁的,周围有美丽的光芒,所以小朋友们喜欢把星星画成光芒四射的星形。其实,星星真正的样子像球一样,是圆的。

在城市里观察夜空的星星,由于大气污染的原因,使得上空不同层次空气更为复杂,所以常常会发现星星闪烁得更厉害。

在天气要发生变化的时候,星星也闪烁得很厉害。

太空巨尺

星星之间相距非常遥远,天文学家就需要更大的尺子来测量。光年就是一把测量星星间距离的"巨尺"。一光年就是:光一年跑过的距离。光跑得多快? 光每秒钟跑 30 万公里呢。可以算出,一光年为 94600 亿公里。

　　这多长呀！真是一个难以想象的距离。一光年的路程,如果乘坐每小时跑 200 公里的高速列车,一刻也不停地跑,也要跑 500 万年!

　　测量星星间距离的尺子还常用"天文单位",一天文单位是太阳与地球的平均距离,约为 149600000 公里。

　　第三把常用的"巨尺"是"秒差距",1 秒差距等于 3.26 光年,等于 30 万亿公里。

　　这些数字真是太大了,由此你也可以想象,太空是多么的广阔,星星之间的距离是多么遥远!

星星

恒星——燃烧的大火球

我们看到星星大多是恒星

地球是行星，月亮是卫星，火星是行星，太阳是恒星，北极星、牛郎织女星都是恒星……我们看到的星星，除了少数几颗行星、卫星、流星、彗星外，绝大部分都是恒星。

恒星是一个非常大的家族，仅银河系就有 1000 亿颗以上，更不用说还有许多许多别的星系了。

太阳是离我们最近的一颗恒星。因为它离我们最近，所以我们看它最大也最亮，并时刻感受着它的光明与温暖。

如果你认为恒星都是像太阳一样，那你就错了。恒星有老有少，面目也是千姿百态，多有趣呀！它们中有许多像太阳一样，是一颗燃烧的大火球，时刻散发出巨大的热量，放射出耀眼的光芒。还有的像肥皂泡那样脆弱，个头却大得吓人，足可以容得下一万亿个地球。另一些小如一座城池，密度却大得惊人，比铅大 100 万亿倍。

像太阳这样孤零零地，只身一颗恒星形成一个星系的是少数，多数恒星结成三个一群，两个一伙的。双星如伴侣互相环绕，也有不友好的将对方吃掉。结成三星的总想扩充队伍，组成几十个成员的松散星团。

原来人们认为太阳一类星体固定不动，因此给他们取名恒星。其实恒星也在运动，我们的太阳就是围绕银河系在旋转。有些恒星还运动得相当快,如:牛郎星以每秒 26 千米的速度远离我们而去,比宇宙飞船还快!只是因为距离我们太遥远,地球上的人们感觉不到。

老年红巨星

星星是谁生出来的,星星会老,会死吗?

宇宙中任何时候都会有新的恒星产生。星云是孕育星星的温床。

星云的妈妈又是谁呢?

气体和尘埃聚在一起,形成许多球状天体,这些球状天体最终成为星云。所有的恒星诞生之后,经过漫长的生命期,最终都会死亡。红巨星就是失去青春光彩的老年恒星。

同太阳一样,每颗恒星从它诞生之时起,就开始燃烧它的氢,当四个氢原子核聚变为一个氦原子时,释放出巨大的能量。这是它一身中最长也最稳定的日子。一旦氢耗尽,恒星就拼命向中心收缩,使它内部的压力、密度、温度不断增加,直到它中心温度达到 1 亿度时,氦冶炼出碳。巨大的核反应再次开始。恒星开始向四周膨胀,而它的大气层却随着膨胀而慢慢冷却,当降至 3000 多度时,它的体积却膨胀到原来的 200 多倍,发出有气无力的红光。这时我们叫它红巨星。

恒星不像我们脚下踩着的大地那样坚实,它们是由和我们周围的空气一样的气体构成的。恒星上主要有两种气体,氢气和氦气。这两种气体是恒星的燃料。恒星通过燃烧这两种气体释放出光和热。

干瘪的白矮星

红巨星以后的恒星又会怎么样呢?它就死去吗?

当红巨星把它的能量耗尽后,便开始收缩,成为一颗白矮星。它的体积缩小到原来的万分之一,但温度却非常高。

白矮星是低光度、高温度、高密度的晚年恒星。但和红巨星相反,白矮星却是又小又结实,它的温度也远远高于红巨星。

如:天狼星的伴星就是一颗白矮星,它的温度达1万多度,约为太阳的两倍;个头只有两个地球大,可是体重却与太阳不相上下,比重是太阳的10万倍。想想,白矮星上的一块小方糖大的物质,就有地球上一辆小汽车重!可见白矮星上物质的密度非常大。

再经过几十亿年,恒星的生命结束了,它从白矮星变成了黑矮星——就像一粒没有一丝热量的黑色煤渣,消失在宇宙中。

这时候一颗恒星就死了,是吗?

是的。不过恒星的最后出路并不是只有这一条。质量大的恒星也许最后会变成超新星,爆炸而亡;还有的会变成黑洞"隐藏"在宇宙中。

新星——恒星的最后燃烧

有时候在原来看不到星星的地方,突然出现了一颗闪闪发光的星星。

这肯定是一颗新星。实际上这颗闪亮的星星不是新出现的星星,只是因为过去它太暗,没有被注意罢了。天文学上把这种在短时间内,亮度增大1万甚至10万倍的恒星称为新星。

恒星的演化由它的个头、重量说了算。个头大的恒星消耗氢燃料要快一些,要早一些变成红巨星。红巨星也按体重分等级,体重轻的就变成白矮星。当然,个头和体重大致相当的恒星,它们的演变速度大致相同。因此,星系中会有一些相伴的双星。

新星通常是一对缠绕在一起的老年双星恒星,一颗红巨星,一颗白矮星。红巨星把它很热的气体流,推向结实的白矮星。涌向白矮星的气体流中有很多氢气,氢气在白矮星的强大引力下,不断地聚结、压缩、升压、升温,直到这些气流在白矮星上再次发生热核反应,短暂地发出明亮的光辉。这样的双星体叫做新星。

超新星——恒星最后的大爆炸

超新星是大质量恒星在晚年发生的崩溃、瓦解性的爆炸现象。

这种爆炸使原来一颗不显眼的恒星，突然间异常明亮，但几星期就消失了。发展到这一步的恒星就叫超新星。

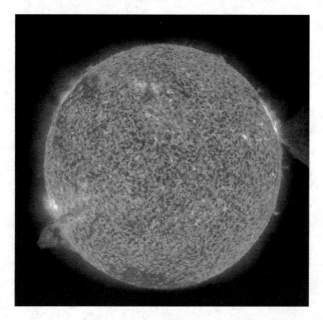

太阳

一个体重很大很大的恒星，起码比太阳大 7 倍，它内部温度可达 10 亿度以上，足足可以使它内部核反应一轮一轮地继续下去，一次次合成更重的原子，最后冶炼出铁。铁原子核是非常稳定的结构，可使恒星内部的核反应停止下来。恒星内部一停止产生热量，引力马上占了上风，恒星被引力向内剧烈压缩，连原子都被压碎。到后来一枚小指甲盖大小的体积，可容下一万吨物质。恒星中坚硬的核物质反弹，而强大的引力使反弹立即停止，数以万吨的物质以每秒几万公里的速度向内暴缩，与反弹的坚硬的中心相遇，发生极猛烈的碰撞，放出中微子，中微子携带的能量被恒星外层截获许多，于是恒星外层发生大爆炸，光度有太阳的 100 亿倍那么亮。几星期后慢慢暗淡下去。

爆炸后的大部分物质抛散在星际空间，成为超新星残存遗骸。也可能因恒星内核收缩而成为致密的中子星或黑洞。

也许超新星的爆炸，是宇宙变化的促进因子。也许它还和生命的诞生有关呢。

周期极准的脉冲星

宇宙小绿人的问候

发现脉冲星的过程有一个有趣的故事。

茫茫宇宙无边无际,各类星球数不胜数。科学家从理论上计算,仅银河系中就有 3000 亿个星球适合生命的存在,其中有 100 万个星球达到和超过地球文明水平,只是因为各种原因,我们和外星人还没有联系上。

于是地球人发挥了充分的想象:"宇宙小绿人"居住在宇宙深处的一个星球上,那里是一个比地球繁荣发达的文明世界。由于星球的强大引力,那个星球上的人长不高。因为科学技术的发达,他们不必体力劳动,四肢都退化了,唯有大脑高度发达。他们有着绿色的皮肤可以像植物那样自己进行光合作用制造食物……

这是科学幻想,而当时的科学家在做什么呢?

1967 年 7 月,英国剑桥大学射电天文台设计制造了一架新型射电望远镜,并开始投入使用。它的观测结果都自动记录在一个纸带上。

3 个月后,研究生贝尔小姐在分析这些资料时发现,其中有一个神秘的射电信号,它来自狐狸座方向,每到子夜便发生闪烁,这是一个有规律有周期的脉冲。

休伊什教授对这种讯号很感兴趣,改进仪器后,作进一步研究。

11 月 28 日,他们证实了这个射电发出的无线电脉冲波长是 3.7 米,周期为 1.337 秒。初步断定这是来自太空远处的讯号,也可能是远方星球上的智慧生物向地球发出的问候。联系到"宇宙小绿人"的科幻作品,他们把这种射电源称之为"小绿人"。

随后,又不断有新的这种奇特脉冲被发现。1968 年 1 月,贝尔小姐已查明有 4 个会发出这种"密电码"的射电源。

哪会有这么多的宇宙"小绿人"向我们呼叫?而且都是使用同一种讯号?于是,科学家们发现了一种新型天体——射电脉冲星,简称脉冲星。

脉冲星与中子星

1968 年 2 月,休伊什宣布发现了脉冲星的消息,引起了轰动,天文工作者竞相探索,到 1968 年底就发现了 23 颗。目前脉冲星的名单上已有近千颗。

脉冲星的发现成了 20 世纪 60 年代,天文上的"四大发现"之一,休伊什教授因此而荣获 1974 年的诺贝尔物理奖。

科学家们经过各方面的论证,现在已经确信无疑,脉冲星就是高速自转的中子星。因为脉冲星上物质的电子壳层都被压碎了,理论上它的半径只有 10 千米左右,而它的密度极大,一个小指甲盖大的脉冲星物质,竟重达 1 亿多吨。多重啊,如果这样的物质来到地球上,会立即压破地壳,钻入地心。

脉冲星发出一个个射电脉冲,这种脉冲周期极其准确,一亿年才变化 0.4 秒,比目前世界上最准确的铯原子钟还准确 50 倍。

脉冲星与白矮星同处于垂死的、没有能量来源的、即将熄灭的晚年恒星。目前发现的脉冲星有近千颗,因为它是大质量恒星演化至后期的必经阶段之一,所以科学家估计,银河系中大约有 20 万颗脉冲星。

脉冲星是高速自转的中子星。可什么是中子星呢?

　　早在 20 世纪 30 年代科学家就认为,宇宙中有各种特殊条件,有某种极大的压力,使原子的电子壳层被压碎,本来在外围高速旋转的电子被压进了原子核内,带负电的电子与带正电的质子就会吸在一起,电荷抵消而变成中子,这样便形成了全部由中子组成的"中子星"。

　　中子星的密度将大得惊人!

　　类星体和脉冲星一样,是 20 世纪 60 年代天文学上的四大发现之一。这是一种比恒星大得多,又比银河系之类星系小得多的天体。

　　现在已经发现三千多个类星体。天文学家研究和计算,他们每秒钟发出的光和热,相当于银河系总能量的 100 倍。

　　从观测得知,类星体正以每秒 24 万公里的速度远离我们。

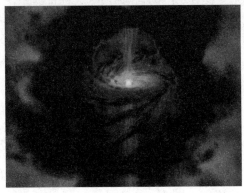

中子星

神秘的太阳中微子

看不见的"穿山甲"

你知道有一种非常神秘的东西——中微子吗？科学家找了它许久，可总也捉不住它。

太阳的能源问题一直是困扰物理学家和天文学家的一个课题，后来英国著名的天文物理学家爱丁顿提出太阳里面的能量是来自核聚变。如果太阳的核心真的在进行着大规模的热核反应，那就理应产生大量的中微子。也就是说：太阳这个"热核反应炉"，它在由氢聚合成氦的时候，除了发射出光子外，还发射出一种非常神秘、难以捉摸的中微子。

什么是中微子呢？科学家对它也只是知道一点点。

中微子与光子一样，以光速奔跑。最令人称奇的是，中微子是看不见的"穿山甲"，没有任何东西可以阻挡中微子行进的步伐。它能够不费吹灰之力穿过地球和太阳，也可以穿过小朋友的身体，而你一点感觉都没有。当然，更没有什么东西可以把它捉住。

太阳中微子非常奇特，非常神秘，捉不住它，怎么去了解它呢？

为了捉住中微子，证明太阳模型的正确性，科学家们设计了仪器去测量太阳中微子的实际数目。"捕捉"中微子难乎其难，为此科学家巧设"陷阱"。

科学家发现中微子偶然能够把氯原子变成氩原子。为了摸清中微子数量,美国物理学家把大量洗涤液倒进一个矿井里,用一种方法把含氯的洗涤液过筛,把新生的氩筛出来。这样,如果产生的氩原子越多,说明通过这眼井的太阳中微子越多。

设在美国南达科他州的"陷阱",由化学家戴维斯主持,他们在地下深达 1.5 千米的金矿里,安装了一个大罐子,里面装有 38 万升的四氯乙烯溶液,用它来俘获中微子。1968 年,奇迹出现了,中微子探测器给出了信息。实测结果表明,实际的太阳中微子数目远远小于理论值,只有理论预言的 1/3。大量的太阳中微子失踪了!这样太阳中微子之谜变成太阳中微子短缺之谜。

那么到底是谁错了?天文学家错了?太阳能量不是来自核聚变?还是物理学家关于中微子的理论错了?

变身的中微子

后来物理学家改进了中微子的测量方法,日本科学家小柴昌俊就是其中之一。

当中微子进入装有重水的容器后,碰到重水的原子核后会被弹开;然后碰到另一个重水的原子核后会与之发生反应,变成氚的原子核,同时释放出一些 v 射线。通过测量 v 射线的数量,科学家就可知道有多少中微子存在。小柴昌俊还利用位于日本神冈町地下的中微子探测装置探测到的一次遥远超新星爆发过程中释放出的中微子。

目前科学家一致认为太阳活动的理论模型并没有错误,太阳里能量的确是来自核聚变;而关于中微子的理论则需要修正:中微子是一种不带电的、但是有质量的(虽然质量极小)、穿透力极强的基本粒子。研究人员将新的数据与以往研究成果相结合,发现太阳释放出的电子中微子在旅途中有一部分转变成了其他类型的中微子,而我们目前的测量手段只能测电子中微子,这样就很好地解释了太阳中微子短缺之谜。

但是到目前为止关于中微子还有很多问题有待进一步研究,比如,中微子质量到底是多少,以及不同种类的中微子之间是怎么转化的。

由于中微子不容易和其他物质发生相互作用,所以最遥远宇宙中产生的中微子都可以在地球上探测到,这对于了解宇宙深层次的东西非常有帮助。

目前,对太阳中微子的寻根问底已经形成了一门崭新的中微子天文学。已经有中微子望远镜问世。如果对中微子的认识有了突破,也许天文学研究会有意想不到的进展。

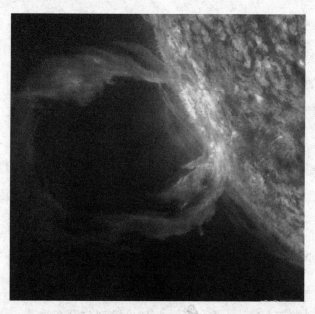

太阳风暴

只进不出的黑洞

看不见的黑洞

我们这里要说的黑洞可不是一个黑乎乎的山洞，我们说的黑洞是一种宇宙间极为神秘的天体，黑洞是一种引力极强的天体，就连光也不能逃脱，它就像宇宙中的无底洞，任何物质一旦掉进去，就再不能逃出。黑洞的基本特征是具有一个封闭的边界，外界物质和辐射可以进入，边界内的一切都不能到外面去。

与别的天体相比，黑洞十分特殊。人们无法直接观察到它，科学家也只能对它内部结构提出各种猜想。而使得黑洞把自己隐藏起来的原因即是弯曲的时空。根据广义相对论，时空会在引力场作用下弯曲。这时候，光虽然仍然沿任意两点间的最短光程传播，但相对而言它已弯曲。在经过大密度的天体时，时空会弯曲，光也就偏离了原来的方向。

在地球上，由于引力场作用很小，时空的扭曲是微乎其微的。而在黑洞周围，时空的这种变形非常大。这样，即使是被黑洞挡着的恒星发出的光，虽然有一部分会落入黑洞中消失，可另一部分光线会通过弯曲的空间中绕过黑洞而到达地球。观察到黑洞背面的星空，就像黑洞不存在一样，这就是黑洞的隐身术。

更有趣的是，有些恒星不仅是朝着地球发出的光能直接到达地球，它朝其他方向发射的光也可能被附近的黑洞的强引力折射而能到达地球。

这样我们不仅能看见这颗恒星的"脸",还同时看到它的"侧面"、甚至"后背",这是宇宙中的"引力透镜"效应。

黑洞是恒星

天文学家推测,黑洞是恒星演化过程的最终阶段。当一颗恒星衰老时,它的热核反应已经耗尽了中心的燃料(氢),由中心产生的能量已经不多了。这样,它再也没有足够的力量来承担起外壳巨大的重量。所以在外壳的重压之下,核心开始坍缩,物质将不可阻挡地向着中心点进军,直到最后形成体积接近无限小、密度几乎无限大的星体。而当它的半径一旦收缩到一定程度,质量导致的时空扭曲就使得即使光也无法向外射出——"黑洞"诞生了。

当恒星的一切能量都消耗完了,于是它本身也失去了向外膨胀的力量,只剩下自身的引力作用。它会不断地向内收缩,质量越来越集中,密度越来越大。在强大的引力作用下,最后它射出来的光线也被折回。于是,我们将不再看见这颗星。任何到达它身边的物质都会被它吞进去,连光也无法逃脱,就像一个无底深渊。

黑洞吸进去的东西被挤压成无限小,可是重量却还跟从前一样。所以黑洞是一个很重很重的天体,它的吸力非常大。

看不见黑洞,凭什么说它存在呢?

因为天文学家能从观测因黑洞的引力对附近天体的影响,而间接地推测出它的存在。2011年12月,天文学家首次观测到黑洞"捕捉"星云的过程。

这张红外波段图像拍摄的是我们所居住银河系的中心部位,所有银河系的恒星都围绕银心部位可能存在的一个超大质量黑洞公转。

星空中隐藏着黑洞

天文学家认为：宇宙中大部分星系，包括我们居住的银河系的中心都隐藏着超大质量黑洞。这些黑洞质量大小不一，大约100万个太阳质量到大约100亿个太阳质量。

黑洞并不是实实在在的星球，而是一个几乎空空如也的天区。黑洞又是宇宙中物质密度最高的地方，太阳如果变成黑洞，只有一个体育馆那么大，而地球只有一个黄豆大。而黑洞中的物质不是平均分布在这个天区的，而是集中在天区的中心。这些物质具有极强的引力，任何物体只能在这个中心外围游弋。一旦不慎越过边界，就会被强大的引力拽向中心，最终化为粉末，落到黑洞中心。因此，黑洞是一个名副其实的太空魔王。

有白洞吗

科学家们提出设想，既然宇宙中有黑洞，那么一定存在"白洞"。黑洞可以用强大的吸力把任何物体都吸进去，而白洞可以把这些东西都吐出来。科学家们设想,黑洞与白洞是连在一起的,黑洞把物质吸进去,物质在里面会经过一个叫做奇异点的东西,然后物质就到达了白洞的"管辖范围",会被白洞"吐"出来。然后物质就到达了另一个宇宙(第二平行宇宙)。但是,如果白洞存在,所有的物体将会以极快的速度离开。不仅如此,无论什么东西都有两面性,黑洞和白洞一个能吸一个能吐,而在第二平行宇宙中的物质则通过白洞来到宇宙,所以第一平行宇宙间的物质才不会全都消失。这在理论上是成立的。

人造黑洞

科学的力量是无穷的,你想过制造一个"黑洞"为人类服务吗?科学家们早就有了这样的想法,并且做成了"人造黑洞"。这是通过模拟黑洞的一些性质,使在"人造黑洞"附近出现的放射性物质被吸引,然后螺旋式地进入"黑洞"中心。

中国的人造黑洞是"当电磁波遇到这台仪器,就会立刻被捕获,并且立刻被引入到仪器里,一直被吸进黑洞中心。没有电磁波可以逃离这个黑洞。被吸入的电磁波在中心位置转化为热能。"这样的"人造黑洞",在未来可以用于发电。

实验室里的"人造黑洞",当然不是吞噬一切的"恶魔"口袋,它只吸收电磁波,不吸收能量,也不能吸收任何实质的东西。这是一个不具有危险性的"黑洞",不仅如此,这种装置还能在未来用于收集太阳能。在这方面,"人造黑洞"将比世界上任何一种太阳能电池板都更高效。

想一想,如果将这种"人造黑洞"装置在航天器中的太阳帆上,或者用来吸收空气中游散的电磁波是多么好的事情啊。因为手机和无线网络的普及,这种看不见的电磁波据说侵害了我们的健康,成为一种新的污染。

我们的太阳系

我们的太阳系是一个大家庭,太阳是位慈祥的家长,用他的光和热维系着八大行星和他们的卫星及无数的小行星等。每颗行星都像孩子,围绕着家长太阳旋转,而太阳用他的光和热温暖着每一位家庭成员。这个大家庭中一切能源都来自太阳。让我们一起来分别了解太阳系大家庭中每位成员。

我们的太阳

英俊的太阳神

在古希腊人眼里，太阳神是一位英俊潇洒、健壮威严的青年。他精通音乐、诗歌和医药，同时还是一位百发百中的银弓手。每天，当黎明女神醒来，群星隐退，东方晨曦微露时，身穿紫袍、头戴日光金冠的太阳神，驾驶着飞奔的神马车巡视大地，把光明与温暖洒向人间。太阳神是青春、力量、智慧、仁爱之神。

在大多数人的眼里，太阳像位慈祥的老人，燃烧着自己的生命，用光和热照亮、温暖、团结着太阳系这个大家庭，滋养着地球上的万物。

科学的说法，太阳是宇宙中的一颗普通的恒星，它由氢气和氦气构成（其他气体所占比例很小）。太阳内部每时每刻都在进行着热核反应，每秒钟消耗 6 亿吨氢，放出巨大的能量。

今天的太阳大约有 50 亿岁，正值中年，是它一生中最辉煌、最稳定也是最漫长的时期。50 亿年后太阳燃烧完他的氢，只剩灰烬氦的时候，就进入了老年期。老年的太阳将失去往日的辉煌，他的表皮松弛，引力变小，开始膨胀，会变成现在太阳 250 倍大的红色巨星，那时地球上看到的将是覆盖半个天空、发出晚霞般光辉的巨大太阳。然后，极度膨胀的太阳表面气体渐渐脱离，飞向宇宙，剩下的太阳芯极度收缩，太阳变成了很小的白矮星。最后的余火燃尽后，太阳芯失去光泽，成为一颗黑色的矮星，在宇宙空间的黑暗里消失。

太阳黑子、太阳风、太阳风暴等都是太阳的活动形式。今天的太阳，它的一切活动都是正常的，并非异常行为。

我们看到的天空中圆圆的太阳，它是太阳的光球层，光芒万丈的阳光就是从这层发出来的。很早就有人观测到：太阳的光球部分经常会有许多暗黑的斑点成群结队地出现和消失，这就是太阳黑子。

为什么地球上的人可以看到太阳上有黑色斑点呢

因为太阳黑子的温度比太阳表面光球低 1400℃左右，所以看上去就有点"黑"。

太阳黑子是太阳光球层中物质剧烈运动形成的，也是太阳活动的主要标志。黑子在太阳表面上的多少、大小、形态位置每天都在变化，他们的活动很有规律，大约 10 年～11 年为一个周期。

伴随着太阳黑子的强弱，会出现壮观的日珥，和强大的耀斑。日珥是在太阳边缘外面的发光气团——日冕里爆发出一团巨浪，以每秒几百甚至上千公里的速度冲出日冕，升到几十万至上百万公里的高空，喷着火焰，形成一个或几个巨大的"耳朵"。耀斑则是在太阳日冕里面的色球上，出现局部辐射突然增加的现象。这些太阳剧烈活动的形式，被称为太阳风暴。

太阳每时每刻都在不停地活动，只是有时剧烈，有时平缓一些。这些从日冕上高度电离的原子和自由电子不断向外抛出带电的粒子流就形成了太阳风。美国天文学家帕克在 1958 年指出：太阳的引力虽然大，却无法束缚住它的大气，日冕的边界并不在太阳附近，差不多一刻不停地向外膨胀，把太阳的大气粒子扩散到整个太阳系。他预言，太空的每一个角落都充满着太阳风。以后多次宇宙飞船的观测都证实了帕克的预言。

太阳风和太阳风暴都是太阳的活动形式,几十亿年来都是这样。

那么太阳活动会对人类的生活造成影响吗? 影响有多大呢

地球是太阳系中一颗最美丽的行星,它距太阳 1.5 亿千米,接收到的太阳热量恰到好处地滋养着地球上的万物。使得地球成为一个生机盎然,朝气蓬勃的世界。

噢,说到地球上的生命,我们还得感谢包围着地球的厚厚大气层,它大约有 3000 千米厚。它像地球的外衣,保护着地球免受过强的太阳辐射和宇宙射线的伤害。它将胆敢来与地球较量的"宇宙流浪汉"化为一束光亮、变成一颗流星或者一块陨石,避免了地球像月球和其他行星一样,一次又一次地遭受小行星等的天外巨石的碰撞。大气层还能缓和白天太阳照射到地球上的热量,不致使地表温度升得太高。到了晚上,大气又能阻止地表热量向宇宙迅速散失,不致使地面的温度骤然降得很低。正是这个保护层,给地球生命制造了一个适合的生存环境。

在这层地球外衣的保护下,不管太阳在正常范围内怎样剧烈活动,都不会对地球上人类的生存造成影响。但是强烈的太阳风暴会对活动于大气层之上的地球卫星、宇宙飞船等航天器造成一定的影响,使得信号瞬间消失等等。

你会问:太阳风暴对地球上人类的生存不会造成影响,那么除了生存条件以外,太阳风暴会对人体健康有所影响吗? 回答是肯定的,太阳的剧烈活动——太阳风暴对地球上的一切都会有影响。但是,这种影响对生活在大气层底部的人类来说是非常微小的。比如对人体健康的影响,辐射增加对人体皮肤的伤害等等,远远比不上我们熟悉的一次寒潮,一次地球风暴,一次空气污染的影响来的严重。

最后,我们得出了结论:太阳风暴并不吓人! 地球上生活的人类一点也不必慌张。夏天该去游泳的还去游泳,想去郊游的还去郊游,孩子和老人在早晚还是该多晒点太阳,使你的骨骼更健壮。

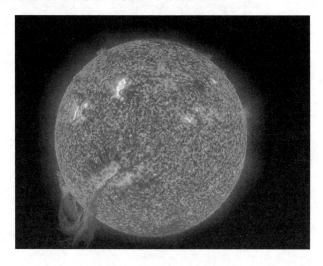

太阳

没有水的水星

奇特的自转与公转

在古罗马神话中水星是商业、旅行和偷窃之神,即古希腊神话中的赫耳墨斯,为众神传信的神,或许由于水星在空中移动得快,才使它得到这个名字。但你们知道为什么水星移动得快吗?

由于水星是离太阳最近的行星,所以在地球上看到水星总是伴随在太阳左右,白天太阳的光亮掩盖了水星所反射太阳的那点微弱的光。只有在日出前或日落后的低空出现一会儿,跑得这么快。

在北半球如中国,想要捕捉到水星的身影其实也不难。经验是:春分时节在西要观测水星,只要选对日期,天气良好的情况下还是很容易做到的,一年中观测水星的最佳月份是3,4月,和9,10月,即春秋分前后。春分时节可以往偏北的双鱼,白羊座找,秋分时节在狮子,处女座找水星,水星相当的明亮,在淡蓝色的黎明和黄昏低空中发出不闪烁的黄色光芒。

水星和月球上一样布满了大大小小的环形山以及平原和裂谷。

水星上大气稀薄得几乎没有,身边的太阳把光芒直射到水星光秃秃的地面,昼夜温差高达500℃以上。水星上还有一个大盆地,半径有1300多公里,是太阳系八大行星中地表温度最高的地方。

在地球上只有在傍晚后和黎明前才能看到略带红色的水星,而且时间很短。

太阳系大家庭中有八颗大行星,他们差不多都在一个平面上,绕太阳旋转。

水星是离太阳最近的一颗行星,是九兄弟中的老大哥。可是水星却是个小个子,体积和月亮差不多。是的,它太瘦小了,可它就是大哥呀!

水星大哥也有特殊的本领,它绕太阳旋转的速度最快,公转一圈只有地球上的 88 天;可是它的自转却很慢,旋转一圈接近地球上的 58 天。水星的自转方向和公转方向一致,因此,水星上的一昼夜比水星自转一周的时间要长得多。据计算,水星上的一昼夜约为地球上的 176 天,白天和黑夜各为 88 天左右。

这样,在水星上的一昼夜相当于 2 水星年。你说有趣吗?

水星上的环境

在八大行星中,除地球外,水星的密度最大。天文学家推测水星的外壳是由硅酸盐构成的,其中心有个比月球大得多的铁质内核。根据这样的结构,水星应含铁 20000 亿亿吨,这水星真是个大铁球啊! 水星上的磁场也比较强。

水星离太阳最近,水星上的太阳看上去要比在地球上大二倍半。

既然名字叫水星,那么水星上有水吗? 水星朝向太阳的一面,温度非常高,可达到 400℃以上。这样热的地方,就连锡和铅都会熔化,何况水呢。但背向太阳的一面,长期不见阳光,温度非常低,达到 −173℃,在这里也不可能有液态的水。

在这个浸没在火辣辣的太阳光热中的水星绝对不是一个寻找水的好地方。但是有很多科学家却认为水星上是可能有冰的,就在背向太阳的那一面。

但是尽管暴露在太阳炙热的光芒下,作为太阳系最内侧的行星,微小的水星却很可能是大量冰原的家。水手 10 号探测器于 1973 年和 1974 年三次造访水星。20 年前，来自地球的雷达观测显示，在水星极地附近存在一些高反射的小型区域，这意味着冰的存在。如今，于 2011 年 3 月便开始围绕水星运行的美国宇航局（NASA）的信使号探测器已经证实，这些位于水星极地附近的、与雷达上的亮斑紧密吻合的陨石坑的底部几乎从未接收过任何太阳光。这又给水星上有水提供了可能性。不管怎么说，科学就是不断探索的过程，什么样的结果都有可能，是吧？

水星

遍布陨石坑的水星表面

明亮的金星

启明星和长庚星

傍晚,两个小朋友指着西方天边一颗最亮的星星在争论。第一个小朋友说:"我爷爷说叫长庚星。"另一个小朋友争辩道:"不对,我爸爸说那叫太白金星。"他俩争得面红耳赤。

其实,他俩都是对的,这就是我们要说的金星。它在黎明前出现就叫启明星,在黄昏后出现就叫长庚星,还有个别名叫太白金星。

由于金星是八大行星中离太阳第二近的行星,它在地球与太阳之间,白天太阳挡住了它的光芒,所以金星要在日出稍前或者日落稍后才能到达亮度最大,它在夜空中的亮度仅次于月球。它有时黎明前出现在东方天空,被称为"启明";有时黄昏后出现在西方天空,被称为"长庚"。

金星很容易被分辨出来,它明亮而略呈黄色。金星这么亮,那它是不是自己发光的呢? 不是。我们知道只有恒星才能发光。金星与月球一样本身并不发光,金星的光辉来自金星表面反射的太阳光。金星也像月球一样会出现周期性的圆缺变化,这是由于金星、地球和太阳的相对位置在不断变化,从地球上看到的金星被太阳照亮的部分有时多些有时少些,这就叫位相变化。事实上,凡是位于地球公转轨道以内的行星(如水星)都有这种变化。虽然肉眼见到的金星没月球那么大,但是眼睛好的人甚至可以看到弦月一样的金星呢!

金星上的环境

金星上环境复杂多变,天空是橙黄色,金星上降雨时,落下的是硫酸而不是水,探测还表明,金星上有极其频繁的闪电,一次闪电竟然有的能持续 15 分钟!金星地形和地球相类似,也有山脉一样的地势和辽阔的平原;存在着火山和一个巨大的峡谷。如果有一天有地球人能到金星上看看,那是怎样绚丽的景象啊!张开想象的翅膀,想象那橙黄色的天空,频繁又持久的大闪电,辽阔的平原还有巨大的峡谷就让人激动不已!

接下来重点就来了!2012 年最值得期待的天象"金星凌日"将在 6 月 6 日精彩上演。

金星和水星都是地球以内的行星,它们都有凌日的现象。在某些特殊时刻,地球、金星、太阳会在一条直线上,这时从地球上可以看到金星就像一个小黑点一样在太阳表面缓慢移动。阿拉伯自然科学家、哲学家法拉比(870～950 年),他在一张羊皮纸上写道:"我看见了金星,它像太阳面庞上的一粒胎痣"。

金星凌日以两次凌日为一组,间隔 8 年,但是两组之间的间隔却有100 多年。21 世纪的首次金星凌日发生在 2004 年 6 月 8 日,这一组的另一次将要发生在 2012 年的 6 月。再下一次是 2117 年和 2125 年,对于 8 年的金星周期,我国天文学家早在二千二百多年前就发现了。成书在西汉的《五星占》写道:"五出,为日八岁,而复与营室晨出东方。"这是说金星的五个会合周期恰好等到了八年,即金星在八年前或八年后会在相同的时间里重复出现在相同的星座。这说明我国古代天文学家早已掌握了金星与地球的运行规律。从以上金星凌日的周期可看出,任何一个人,一生中最多只可看到两次金星凌日,许多人连一次也看不到。所以,看到这本书的同学们可千万不要错过了这个这辈子唯一一次见金星凌日的机会哦！

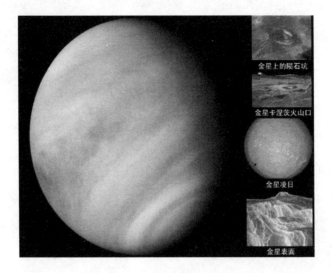

金星

金星凌日

地球——人类的家园

蓝色的地球

20世纪50年代，一张从太空传输回地球的图片成为轰动一时的话题，这就是那张著名的"升起的地球"，是阿波罗号的工作人员们在月面工作时，从月球拍下的地球影像。人们第一次从宇宙空间看向我们的家园，这是一颗宝蓝色的星体，美丽的让人心醉神迷。就是这张图片，加深了人们对地球的认识，更提升了人们保护地球、爱护地球的意识。下面，让我们一起来了解一下我们美丽的地球家园吧。首先，我们还是从地球的颜色谈起。

地球为什么是蓝色的呢？

虽然我们生活在陆地上，但其实地球表面大部分都是海洋，约占地球表面的70%。这么庞大的比例足以让海洋成为地球颜色的主导者。因此，是蔚蓝的海洋成就了蓝色的地球。

然而，海洋绝不仅仅只是在颜色上改变了地球。我们的地球上得以繁衍生息出各种各样的生命体，海洋才是最大的功臣。所有的生命都起源于海洋，都是从几十亿年前海洋中出现的简单有机生命体一步一步进化来的。从这个意义上来看，我们人类应该好好感谢海洋。

但是，地球上为什么会出现海洋呢？

我们知道，水是生命体得以存活的必须条件，所以我们在寻找其他行星上是否有外星人存在时,都会探测该星体上是否有水的存在。但是就太阳系来说,目前所知的,只有地球上有水,而且是具有三态变化的、汇集成大片海洋的水。是什么帮助地球形成这么优厚的生存条件呢?

其实,我们的地球实在是恰恰好、刚刚好的一个神奇的存在:地球和太阳的距离不远不近,如果太近太阳辐射太强烈,水汽都蒸发流失了,太远辐射又太弱,形不成液态水;地球的质量不大不小,这样形成的地球重力场恰好给地球上的水提供恰当的运动环境,既不会让水太束缚,也不会让水轻易逃逸。这样一来,水在地球上自如循环着,把勃勃生机带给这个美丽的星球。

水除了在海洋中,还在什么地方?

汉乐府中说:"百川东到海,何时复西归?"这里说"百川东到海","川"就是河流,河流是陆地上一种最为普遍的水的存在形式。河流孕育了文明,世界上的早期文明都是在河流沿岸诞生的。所以人类和河流的感情非常深,各个民族、历朝历代,叹咏河流的诗文数不胜数。

除了河流,湖泊也是十分常见的。在极其高寒的地方,比如说我国的青藏高原,还有很多水以冰川的形式存在。在土壤层下方,还有人们平常看不见的地下水,我们打井吃水,那井就是打到地下水层上去的。不过这些都只是陆地水很小的组成部分。在遥远的南极洲,那里集中着大部分的陆地水,有常年不化的冰雪,有成片成片的冰川,有覆盖整个大陆的冰盖。还有天上变化多姿的云,也是一种水。

可见,水在这个蓝色的地球上占有多么重要的位置啊。

保护地球环境

那么,地球的宜居,除了因为水的缘故,还有什么?

其实,地球能够演化出现这样的神奇景象,真的是大自然的恩赐。除了前面说的日地距离恰好,地球质量恰好外,我们还有比较安全的太空环境。太阳系著名的小行星带在火星外侧,与地球尚有不小的距离,地球周边是相对稳定的行星(金星、火星)以及卫星(月球),这使得我们地球不必三天两头和这个撞一下和那个碰一下,生命演化的轨迹才不至于受太多干扰。此外,地球神奇地形成一层保护层——大气层,它不仅仅为需氧生命提供赖以生存的氧气,其中的温室气体又起到了保温的作用,让地球的温度变得温和宜居,臭氧层起到隔离吸收太阳紫外线的作用,保护地表生物免受紫外线辐射的伤害。

然而现在,地球环境遭到了很大的破坏,臭氧空洞,温室气体超标,冰川融化,海平面上升,滥砍滥伐森林,水土流失……我们正在毁灭我们唯一的家园。所幸,越来越多的有识之士认识到了这点,并积极推进环境保护运动。现在,我们有一个专门给地球的节日,就是 4 月 22 日的"地球日"。朋友们,地球是我们生存的家园,保护地球是我们每个人应有的公德,也是我们应尽的责任。让我们一起来保护地球,愿我们的地球可以永远像蓝宝石一样在宇宙中闪闪发光。

地球

地球的概况

如果我们站在月球上,就会看到地球是一颗淡蓝色的美丽星球,它并不是标准的球形,而是有点像大鸭梨的形状。

地球是太阳系的八大行星之一,如果以离太阳的远近来排位的话,最近的水星是大哥,金星是二哥,地球就是小三哥。它距太阳约 15000 万公里,接收到的太阳光恰到好处地生灵着地球上的万物。所以,地球是目前人类唯一的家园。

地球的表面以海洋为主约占 70%,我们主要生活的陆地只占地球表面的小部分。

地球由地壳、地幔和地核,以及大气圈、水圈和生物圈构成。

它有一颗天然卫星,就是我们最喜欢的月亮。

地球绕着自己的轴心自转,同时又绕着太阳公转。对了,自转一周 24 小时,就是我们的一昼夜。当面对着太阳的时候为白天,背着太阳时为黑夜。公转一周就是 1 年,为 366 天减几小时。

科学家们经过复杂的测试和计算,认为地球有 46 亿岁,同太阳的年龄相差不多。

地球也是一颗星星,它围绕着太阳旋转。可是,为什么我们每天看到的都是太阳从东方升起,又从西方落下呢? 感觉好像太阳在围绕地球旋转。

地球在一刻不停地旋转,只是因为我们人在地球上面,感觉不到地球的旋转,却误认为是太阳在运动。这就像是我们坐在飞驰向前的火车里,看到房屋、树木都在向后跑,是一样的道理。明白了吧,看见太阳在运动,是我们的错觉,实际上是地球在绕太阳运动。人类弄明白这一点花了很长的时间,付出了很大的代价。我们现在很快就可以弄明白,真是我们的幸运。

我们看上去，每天太阳从东方升起，又从西方落下；天空中的月亮和星星也是如此。其实是地球在绕着自己的轴心自西向东地旋转。自转一周约 24 小时，就是一个白天和一个黑夜。对着太阳时为白天，背着太阳时为黑夜。

中国和美国在地球的两面，所以中国的白天正是美国的黑夜。

太阳是唯一离地球最近的让人感受到它热量的恒星。除太阳外最靠近地球的恒星叫半人马座比邻星。太阳的光线到达地球需要 18 秒，而半人马座比邻星的光线到达地球需要 4 年零 3 个多月。

在地球上看到北面天空有七颗明亮的星星，排列成一个大勺子形状，它是大熊星座最主要的部分，我们的祖先叫它北斗星，也叫北斗七星。从北斗星勺子尖"天璇"到"天枢"向外延伸一条直线，大约 5 倍多一点，就可碰到一颗和北斗星差不多明亮的二等星即北极星。北极星是小熊星座中最明亮的恒星。因为它在地球北面轴心附近，所以在地球上看它的位置几乎不变，永远在天空北部。当你夜晚迷路时可以靠它辨别方向。

橘红色的火星

火星的传说

商纣王在位的时候，荒淫无道，当时人们过得苦不堪言。那时候在商朝的国都中有很多擅长占卜、观察天象的巫师，其中有很多是专门为国家决策服务的人员。可是商纣王不关心国家大事，一味贪图享乐，还把进谏的大臣用酷刑杀死。很多巫师为了讨好商纣王，便说一些国运昌盛之类的话，商纣王听了很受用，便重赏他们。可是一个年轻正直的巫师却不愿意同流合污。有一天晚上，他在自己家中抬头观天象，突然发现一颗橘红色的星体冲到了心宿里，和心宿里的一颗同样红艳的星体比肩斗艳，红光满天。巫师大吃一惊，急忙向商纣王报告，说帝王将出现灾祸，国家动乱，极有可能颠覆统治。商纣王一听十分愤怒，认为是巫师造谣，于是命人将这名巫师杀死。然而不久，西边边关传来战报：周国的姬发联合众候发动对商朝的战争。商纣王仓促应对，奈何民心尽失，士兵在阵前纷纷倒戈，国都不攻自破。商纣王无奈之下，只好在宫中自焚而死。

这颗让巫师紧张万分、最终让商纣王葬送国家的星星是哪颗呢？它就是我们地球在太阳系的邻居，地球的"好哥们"——火星。

不管在西方还是东方，火星都是神话故事的宠儿。火星在西方被称为战神，这或许是由于它鲜红的颜色。在希腊人之前，古埃及人曾把火星作为农耕之神来供奉。后来的古希腊人把火星作为战神阿瑞斯，而古罗马人继承了希腊人的神话,将其称为"战神玛尔斯"。在中国神话里,火星被称为"荧惑星"。古代中国人认为,荧惑星是一个可以预言亡国和灾难的妖怪。就像开篇讲到的商纣王和巫师的故事一样,巫师就是看到荧惑星的不正常运动情况才做出国家要动乱的预言。火星为什么叫荧惑星呢?首先是由于火星呈红色,荧光像火,在五行中象征着火。并且火星在天空中运动,有时从西向东,有时又从东向西,情况复杂,令人迷惑,所以我国古代叫它"荧惑",有"荧荧火光,离离乱惑。"之意。

火星概况

火星是太阳系八大行星之一,是太阳系由内往外数的第四颗行星,属于类地行星,直径约为地球的一半。火星的自转周期与地球差不多,公转一周却大约是地球的两倍——不过这已经是十分难得地相似了,因为相比较其他快得离谱、或是慢得离奇的行星,火星基本上可以算是地球的孪生兄弟。

火星是一颗沙漠行星,地表沙丘、砾石遍布,没有稳定的液态水体。以二氧化碳为主的大气既稀薄又寒冷,沙尘悬浮在其中,每年常有沙尘暴发生。在火星两极上都有由冰与干冰(固态二氧化碳)组成的极冠,极冠的面积会随着季节变化而变大或变小。从地球上看,火星就像一颗闪着火光的大星星,十分明亮,又由于明显不同于众的橘红色光彩,遂成为千百万年来地球居民心中的一个谜。

火星为什么是橘红色的呢?原来,橘红色外表是因为地表的赤铁矿(氧化铁)。火星表面覆盖着一层赤铁矿,这是一种颜色明艳的橘红色矿物。在太阳光的照射下,明艳的赤铁矿发出夺目的光彩,便仿佛是冒着大火熊熊燃烧一般。这也是火星一名的由来。

20世纪后半叶,人们开始了对外太空的探索之旅。在人们的探索目标中，火星依旧是一个宠儿。不仅仅是因为它与地球距离相对较近，更重要的是，作为地球的孪生兄弟，火星在"体检"中表现出和地球十分相近的"身体"条件，我们急切地想探寻火星上是否有生命存在，以及它是否适合我们人类居住。直到现在，关于火星上是否发现有机物、水的分析、探测与报道依然常常见诸报端，可见人们对它的兴趣不减。不过迄今为止，科学界还没能给出一个确定、可靠、统一的答案。不过没关系，科学就是在不断探索中向前行进的，这个答案或许需要等到现在的小朋友们长大后自己去探索出来哦。

火星

巨人之谜——木星

木星是发热的行星

1994 年 7 月 17 日 4 时 15 分，一颗名叫苏梅克·列维 9 号的小行星撞上了庞然大物木星，引起了全世界天文爱好者的关注。彗木大相撞的主角之一，木星，夺尽了人们的眼球。

彗木相撞

木星，古称太岁或岁星，就是罗马神话里的众神之王朱庇特，对应希腊神话的主神宙斯。木星距太阳（由近及远）顺序为第五，是太阳系八大行星中绝对的老大，无论是体型、质量、自转速度还是卫星数目，都是八大行星中首屈一指的。木星也是最容易观察的行星之一，在夜空中的亮度仅次于冠绝天下的金星,大部分时候也比鲜红的火星来得明亮,在漆黑的夜空中显示出一种黄白的颜色。木星经常是夜晚天顶附近最明亮的那颗星星,几乎彻夜闪烁在黑夜之中。

尽管如此,仅凭肉眼观察,我们对木星的了解依然很有限。要想知道更多关于木星的知识,我们需要借助一些工具,比如一架小型的天文望远镜。

当我们有了更强大的仪器,我们就能了解到更多关于木星的知识。进一步的研究发现,木星是主要由氢气和氦气组成的巨型气体行星,距太阳 5.203 个天文单位。木星的公转周期大约是 11.86 年,自转周期为 9 小时 50 分 30 秒。因为自转速度太快,所以木星并不是正球形的,而是赤道鼓起的椭球形。木星的赤道南部有一个巨大的气旋,能容纳三个地球,因为呈红色,所以常被人们称为大红斑。

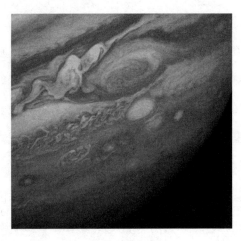

木星上的大红斑

木星的卫星

四百年前,伟大的天文学家伽利略就这样做了。他用一架折射式望远镜对准了行星的王者——木星。木星不负所望,向他展示出了自己不为人知的一面。伽利略从望远镜里看到了木星最大的四个卫星，就是大名鼎鼎的伽利略卫星，木卫一、木卫二、木卫三和木卫四。这四颗卫星的发现有力地支持了哥白尼的日心说。木星本身也有惊喜，显示出了明暗相间的横状条带，这些都是肉眼所看不到的。

关于木星最大的卫星木卫三（也是太阳系最大的卫星，比水星还大），又有一种很传奇的说法。相传在两千多年前战国时期我国著名的天文学家甘德就已经凭借肉眼看到了木卫三。如果这种说法成立，那么人类发现除月球外太阳系卫星的历史就要向前推整整两千年，无疑是天文学史上的一大奇迹。天文学家曾经尝试用光栅模拟人眼，证实了在环境条件极端良好的情况下，是有可能凭借肉眼看到木卫三的，只是因为甘德的著作早已遗失，所以这种说法并没有得到广泛的认同。

木卫一上有隆隆喷发的火山的分布，地貌随时都在变化；木卫二上有厚厚冰山，在冰山之下，有一片真正的咸水组成的大海，而且众多迹象显示，在那个神秘的汪洋大海中，极有可能存在着一些特殊的初级生命。

木星现已知的卫星有 63 颗，是太阳系中卫星数目最多的行星。木星有光环，但不像土星环那样宽大，用一般的望远镜很难观察到。

木星在太阳系中的地位极为特殊，不仅仅是因为它的体形硕大，还因为它奇特的性质。我们都知道，行星本身不发光发热，只能反射恒星的光和热。可是研究发现，木星放出的热量远远超过了它从太阳那里接收到的热量。天文学家认为，五十亿年以后，太阳的能量消耗殆尽，木星有可能一跃成为一颗恒星，取代太阳的位置。当然这一切还只是假说，需要更多强有力的证据来证实，或者推翻。

戴着美丽光环的土星

土星的神话

太阳系有一个特殊的行星,它戴着全太阳系最华美的项链。它就是太阳系第六个行星,土星。

土星的名字来源于罗马神话中的农业和时间之神,萨杜恩。希腊神话中,对应的名字是克洛诺斯。他是希腊神话里著名的暴君。有寓言说他将会被自己的儿子所推翻,于是,每当他的妻子盖亚生孩子时,这个冷酷的父亲都会守候在旁,为的是在孩子诞生的一刻将其抢来吃掉。终于有一次,盖亚用石头骗过了他。那个孩子由牧羊人抚养,长大后推翻了克洛诺斯的统治。那个孩子就是后来的众神之王宙斯。

与神话中的暴君形象相反,土星是个美丽的星球。浓密的大气使土星呈现耀眼的金黄色,与木星类似,它也主要由氢、氦构成,但甲烷的含量明显比木星多。有趣的是,土星的密度很小,比水还小,如果你能把它放在海里,它将浮在海面上。在土星的高速自转带动下,它的云层出现了彩色的带状条纹。土星上有时出现巨大的做气旋运动的超级风暴,从地球上看起来像一个白斑的风暴,其真实大小远远超过了地球。像地球一样,土星的南北两极也会产生美丽的极光,这显示土星也有磁场。最为奇特的是,经航海家 1 号宇宙飞船发现,土星的北极有一个六边形的漩涡,稳定地缓缓旋转。

土星的光环

土星的美丽不仅于此,它还有太阳系中最华丽的光环。薄而宽广的土星环主要由碎冰构成,在太阳的照耀下闪闪发光。早在伽利略用望远镜观测土星时就发现,土星两端各有一个"附属物",使土星看起来好像有一对"大耳朵"。更离奇的是这两个"大耳朵"还会周期性地消失和出现。迷惑不已的伽利略喃喃自语:"难道'萨杜恩'真的把自己的孩子吃了吗?"现在我们知道,那两个附属物就是土星环。土星环面对地球的角度随土星公转变化,由于环很薄,当土星环侧对着我们时,就好像消失了,于是,"萨杜恩"的"孩子"每隔14.8年消失一次。

土星环不是铁板一块,它由多个环组成,结构复杂。从外到内最显眼的是 A 环、B 环和 C 环。A、B 环之间是最著名的卡西尼环缝,其具体成因还不能确定。随着宇宙飞船的一次次造访和威力更强大的望远镜的应用,新的土星环不断地被发现,而土星环那令人惊叹的细节也逐渐显现。旅行者 1 号曾发现 F 环是由三股更细的环像辫子一样缠绕形成的,一些环有着犬牙交错的外观,甚至是从前以为空无一物的环缝里也有细若游丝的环存在。土星环每时每刻都有新的环在诞生,旧的环在消亡。

土星就好像一个带着华丽项链的贵妇人,绕着太阳缓缓踱着步。

土星

寒冷的天王星

赫歇尔发现天王星

"曰水火，木金土，此五行，本乎数。"正如《三字经》所言，在古人用肉眼发现了水星、金星、火星、木星、土星五大行星之后，太阳系内很久没有再带给人们惊喜。直到 1781 年 3 月 13 日，英国天文学家威廉·赫歇尔用望远镜观察到了一颗暗弱的星星，就是后来的天王星。在此之前，人们普遍认为太阳系的边界仅仅到土星为止。天王星的星等接近人类肉眼可见的极限，所以没有水、金、火、木、土的赫赫声名，几千年来一直不为人所知。它是第一颗用望远镜发现的行星，它的发现，划开了一个全新的纪元。

1781 年 3 月 13 日，赫歇尔在索美塞特巴恩镇新国王街 19 号自宅的庭院中架设起一架望远镜，对准了浩渺无垠的宇宙深处。在金牛座方向，他看到了一颗陌生的星星。它显然不是属于金牛座的恒星，或许是颗彗星吧，赫歇尔这样想着。不过，会不会是行星呢？他在提交给皇家学会的报告上含蓄的表示这颗星星比较像行星，但保险起见，仍然顶着彗星的名头。

两年之后的 1783 年，法国科学家拉普拉斯证实了赫歇尔发现的不是彗星，而是一颗货真价实的行星，后来用希腊神话中天空之神乌拉诺斯的名字给它定名为 Uranus，中文译为"天王星"。太阳系大大扩展了它的边界,赫歇尔也因为发现天王星而功成名就。

天王星

天王星的概况

天王星和木星土星一样,也是一颗巨型的气体行星,主要由氢(83%)和氦(15%)构成。所不同的是,天王星比木星土星要寒冷得多,对流层顶的最低温度纪录只有49K,即-224℃,比海王星还要低,而海王星离太阳的距离几乎是天王星的两倍,所得热量理论上远少于天王星。

天王星有一个最最与众不同的特征,它是"躺"在轨道上自转的。我们知道,地球的赤道平面与黄道平面有大约 23.5°的倾角,所以才产生了四季。天王星的赤道平面和黄道平面也有倾角,但倾角远比地球来得大,达到了 98°,以至于它几乎是"躺"在了轨道上。有科学家认为,天王星在形成初期可能受到了强烈的撞击,打歪了它的自转轴,并且带走了它的能量,导致现在它温度奇低,并且"躺着"自转。

天王星和木星、土星、海王星一样,也有行星环。天王星环的发现源自一次掩星事件。虽然早在 1789 年赫歇尔就怀疑天王星有环,但由于观测条件的限制,并没有加以研究。后来在一次天王星掩恒星的观察中,发现在主掩之前和之后都出现了恒星光度的轻微下降,所以推断天王星有环。接下来的观测证实了这一点。从此以后,行星光环不再是土星独享的装饰。再后来,人们又陆续发现了木星和海王星的光环。截止 2005 年12 月,共发现的天王星环有 13 个。关于天王星环的成因也还在研究当中。

目前已知的天王星卫星有 27 个,卫星数量仅次于木星和土星。

笔尖上算出的海王星

寻找海王星

前面说到天王星是太阳系内第一颗用望远镜发现的行星,极大地拓宽了太阳系的边界,开启了一个全新的时代,不愧为一颗传奇之星。但是相比起它的"孪生兄弟"海王星来,那就是小巫见大巫了,因为海王星的发现史更加传奇。

从水、金、火、木、土到天王星,都是先有人看到它们在天上什么位置,然后通过观察和计算,证明了这是颗行星。而八大行星中最后才出场的海王星却不屑于这般流俗的亮相,它要不鸣则已,一鸣惊人。然而在深邃的夜空中,它的光芒那样黯淡,又有谁是它的伯乐?

感谢亲爱的哥哥天王星。天王星很听话地出现在赫歇尔、拉普拉斯等人的望远镜视野里,但却不肯按照他们为自己计算好的轨道运行,而是稍稍出现了一点偏差。在那些天文学大师看来,最合理的解释就是在天王星之外还有一颗行星,对天王星的轨道有摄动作用。因此,这一颗神秘的新行星可以通过计算,算出其运行轨道。

顿时,一枚石子投入了天文学的静水深潭,激起千层波浪,许许多多的天文学家满怀热情,投入了寻找"天外之星"的活动中。1846年,法国天文学家勒维耶首先独立计算出了"天外之星"的运动轨道,但并未得到足够的重视。但科学的光芒绝不会因为一时的乌云遮蔽而熄灭,在1846

年 9 月 23 日晚间,海王星被发现了,与勒维耶预测的位置相距不到 1°。由于是先通过数学工具计算出海王星轨道,后从望远镜找到这颗行星,所以海王星还有一个雅号,叫"笔尖上的行星"。

其实早在 1612 年,伽利略就已经用望远镜看到了海王星,但他当时误认为那是一颗恒星,于是与新行星失之交臂。

海王星

孪生兄弟

作为典型的气体行星,海王星上呼啸着按带状分布的大风暴或旋风。海王星上的风暴是太阳系中运动速度最快的,时速达到 2000 千米。和木星上的著名风暴"大红斑"类似,海王星上也曾有一个大风暴,"大黑斑",但是在 1994 年哈勃天文望远镜的观测中发现它已经消失了。由于离太阳太过遥远,海王星显得寒冷而荒凉,但和土星、木星一样,海王星辐射出的能量是它吸收的太阳能的两倍多,因此科学家们怀疑海王星的内部也有一个热源。

说海王星和天王星是孪生兄弟,是因为二者的很多性质极为相似。

海王星和天王星都是蓝色的,但海王星的颜色更深。海王星在直径上略小于天王星,但质量比它大。海王星的质量大约是地球的 17 倍,而天王星因密度较低,质量大约是地球的 14 倍。更有甚者,尽管海王星距离太阳比天王星远得多,但二者的表面温度却相差不大,表面原因是天王星冷得异常,更深层的原因还待研究。

海王星目前已确定的卫星有 13 颗,光环有 5 条,其中最引人注目的当属海卫一。旅行者 2 号曾飞向海卫一进行了考察,证明了海卫一是太阳系中唯一一颗沿行星自转方向逆行的大卫星,也是太阳系中最冷的天体。它比原来想象的更亮、更冷和更小,有一层由氮气组成的稀薄大气。海卫一运行于逆行轨道,说明它是被海王星俘获的。

冥王星是谁家的孩子

曾经的第九大行星

有一个公式,$0.4+0.3*2^{-n}$,n 的数值依次代入$-\infty$,0,1,2,……可以用来估算行星离太阳的距离。例如水星离太阳 0.4AU($n=-\infty$),金星 0.7AU($n=0$),地球 1.0AU($n=1$)……前面的几颗行星与太阳的距离都和这个公式符合得很好,但从天王星开始,偏差就有点大了。当时人们推断,天王星之外一定还有一颗大行星,它的引力影响了天王星的轨道。果不其然,海王星被发现了。然而海王星的轨道也与公式有较大的偏差,那么是不是还应该有一颗"海外之星"呢?

1930 年 2 月 18 日,美国天文学家汤博通过对一个一个天区的照相底片一一比对,终于在双子座方向发现了一颗新的行星,就是冥王星,也就是当时人们心心向往的"海外之星"。受当时观测条件限制,汤博错误地估计了冥王星的大小,误认为它比地球还大。于是冥王星理所当然的列入了太阳系大行星之列,与其他八颗大行星一起,被称为九大行星,写进了教科书中。不过很快人们就发现了问题,这颗行星太特立独行了。

我们都知道,从水星到海王星,八大行星的公转轨道虽然是椭圆的,但偏心率都很小,接近于正圆形,所以我们可以近似的认为它们都是沿着圆形的轨道绕日公转的。并且,八大行星的运动轨道基本都处在黄道面上。但冥王星绝对不是,它的轨道是典型的椭圆,甚至有时候比海王星离太阳还要近,并且冥王星轨道与黄道面的倾角也超乎寻常的大。更关键的是,新的研究表明冥王星远没有之前人们想像的那么大,而是比月球还小,而它的卫星卡戎相对来说又是异乎寻常的大。

最致命的打击来自一颗新行星的发现,Eris I,中文名为阋神星,曾用编号为 2003UB313。它比冥王星离太阳更远,体型也比冥王星大,相对来说它更有资格列入太阳系大行星。况且新近发现的许多太阳系内天体,如鸟神星、妊神星等体型也都与冥王星相当,甚至连早在 1801 年 1月 1 日在小行星带发现的谷神星都可以列入大行星了。

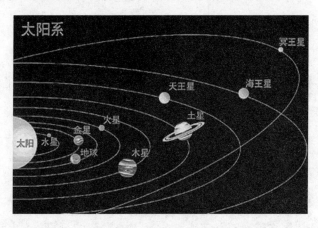

包括了冥王星的太阳系示意图

降为矮行星

天文学界陷入了争议之中,主要分为两派。"有福同享"派认为,应当保留冥王星大行星的资格,并且把阋神星也算作大行星,如果有必要,鸟神星们也可以加入大行星的行列。"有难同当"派则坚持,宁缺毋滥,干脆把冥王星降一级,从大行星的队伍中踢出去,今后只承认有八大行星。两派唇枪舌剑,吵得不可开交,终于在 2006 年 8 月 24 日达成一致,在国际天文联合会上一锤定音。

行星是这样一种天体：1. 在轨道上环绕着太阳。2. 有足够的质量，能以自身的重力克服刚体力，因此能呈现流体静力平衡的形状（接近圆球体）。3. 将邻近轨道上的天体清除。

很明显，"有难同当"派取得了胜利，冥王星乖乖地交出了作为行星的会员证，被扫地出门了。不过还好，天文学家们没有赶尽杀绝，为冥王星开另一张证件——和阋神星、谷神星、鸟神星、妊神星们一起，被编入了矮行星的行列。

对于我们来说，冥王星究竟是行星还是矮行星或许并不是最重要的，重要的是汤博能从数百张照相底片中找出一颗与众不同的星星，靠得不仅仅是敏锐的观察力，还有锲而不舍的精神，这才是我们要学习的。

月儿弯弯照九州

月球概况

月亮是人们最喜爱的一颗星球,她是文人墨客的浪漫情怀,是游子思妇的相思愁绪,是迁客骚人的怀乡寄影,是将军壮士的慷慨悲歌……

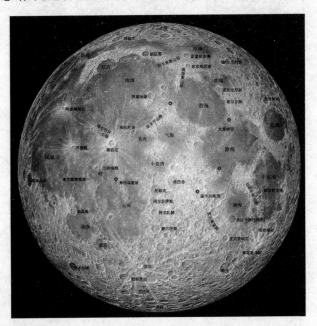

月球地图

月球离地球 38.44 万千米;直径 3476.4 千米,约为地球的 1/4;引力只有地球的 1/6,到了月球上,每个人都可以变成"大力士"。

月球,古称太阴,是地球唯一的一颗天然卫星,然而月球正以每年13厘米的速度远离地球,这就意味着总有一天月球会离开我们,但这需要几十亿年。

月球的年龄大约有46亿年。月球与地球一样有壳、幔、核等分层结构。从地球上看去月亮和太阳几乎一样大。这是因为月球离我们很近的原因。

其实,月球一点也不像人们想象的那么充满诗情画意。月球是个大"麻脸",表面凹凸不平,布满了大大小小的环形山和辽阔平原。月球上没有空气和水分,更没有嫦娥和玉兔。月球本身不发光只能反射太阳光,太阳直射到的地方明亮刺眼,温度高达127℃,没有日光照射的地方漆黑一片,温度低到零下183℃。由于没有空气传递声音,月球上是一个寂静的世界。月球没有大气层的保护,经常遭受陨石的撞击。

当地球运行到太阳和月亮之间时,阳光正好被地球挡住,不能射到月球上去,月球上就出现黑影,这就是月食。月食通常持续一个多小时,发生很有规律,可以精确计算。发生月食必须是满月,而那时地球又正好位于太阳和月球之间,且在同一个平面上。当月球全部进入地球的影子时就出现月全食,要是月球只有一部分进入地球的影子,出现的就是月偏食。

月球的神奇之处还在于她总是以一面对准我们,这与月球自转和绕地球公转有关。月球绕地公转周期为27.32166日,月球在绕地球公转的同时进行自转,自转周期同样也是27.32166日,正好是一个恒星月,所以我们看不见月球背面。

关于这一点请看下图。

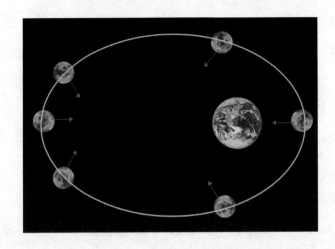

月球有一面总是背对着地球

宇航员们在月面上看到的最美丽的天体就是地球，它像一幅赏心悦目的名画高挂在月空中：黄棕色的陆地镶嵌在蔚蓝色的海洋之中，还不时有几朵美丽的云彩在上面飘荡。难怪那些月球探险者们赞美它是"漂浮于广阔宇宙空间中的最美丽的绿洲"。

观看月球的照片，最令人注目的是那些陨石坑。这些陨石坑从何而来？科学家们研究的结论是，小行星撞击的结果。最近，科学家们发现了月球上最大、最深的陨石坑，它是一个可以吞没从美国东海岸到德克萨斯州这片广大地区的"深渊"。这个陨石坑位于月球的南极——艾托肯盆地。月球形成后不久，就有一颗小行星在月球南半球与其相撞，形成一个巨大的陨石坑，直径大约是 2414 公里，深度超过 8 公里。这次撞击穿透了月壳表层，激起的物质散布到整个月球，并飞入太空。撞击产生的巨大热量还使部分陨石坑底部发生熔化，变成熔融岩石的海洋。

陨石坑的来源很清楚，那就是在月球形成后的数十亿年间，小行星不断轰击月球，在它表面留下大大小小的很多陨石坑，这些陨石坑里填满了固体熔岩、碎石和尘埃。

是父子还是姐妹？

月球从何而来？也是人们最感兴趣的问题之一。

最早解释月球起源的一种假设是分裂说。早在1898年，著名生物学家达尔文的儿子乔治·达尔文就在《太阳系中的潮汐和类似效应》一文中指出，月球本来是地球的一部分，后来由于地球转速太快，把地球上一部分物质抛了出去，这些物质脱离地球后形成了月球，而遗留在地球上的大坑，就是现在的太平洋。

但这一观点很快就遭到了一些人的反对。他们认为，以地球的自转速度是无法将那样大的一块东西抛出去的。再说，如果月球是地球抛出去的，那么二者的物质成分就应该是一致的。可是通过对"阿波罗12号"飞船从月球上带回来的岩石样本进行化验分析，发现二者相差非常远。科学家们在月球上发现了一块年龄为53亿年的岩石，比地球上发现的最古老的年龄还长；发现了近60种矿物，其中有6种在地球上尚未发现。

还有另外的说法即俘获说。这种假设认为，月球本来只是太阳系中的一颗流星，在宇宙空间中进行漫无边际的飞行。有一次，因为运行到地球附近，偶然进入地球的引力范围，而被地球的引力所俘获，从此再也没有离开过地球。

还有一种接近俘获说的观点认为，地球不断把进入自己轨道的物质吸积到一起，久而久之，吸积的东西越来越多，最终形成了月球。

但也有人指出，月球这样大的星球，地球没有那么大的力量能将它俘获。

近年来，世界各国科学家经过长期研究，得出一种大家比较认同的新假设：大碰撞说。

1986年3月20日，在休士敦约翰逊空间中心召开的月亮和行星讨论会上,美国洛斯阿拉莫斯国家实验室的本兹、斯莱特里和哈佛大学史密斯天体物理中心的卡梅伦共同提出了大碰撞假设。

这一假设认为,太阳系演化早期,在星际空间曾形成大量的"星子",星子通过互相碰撞、吸积而长大。星子合并形成一个原始地球,同时也形成了一个相当于地球质量 0.14 倍的天体。这两个天体在各自演化过程中,分别形成了以铁为主的金属核和由硅酸盐构成的幔和壳。

由于这两个天体相距不远,因此相遇的机会就很大。约 45 亿年前,一次偶然的机会,那个较小的天体以每秒 5 千米左右的速度撞向地球。这个较小的天体也不小,比火星还要大。剧烈的碰撞不仅改变了地球的运动状态,使地轴倾斜,而且还使那个比火星还要大的巨大天体被撞击破裂,其中,这个巨大天体的大部分与地球融合,少部分以极快的速度携带大量粉碎了的尘埃飞离地球。这些飞离地球的物质,主要由碰撞体的幔组成,也有少部分地球上的物质,比例大致为 0.85:0.15。

飞离地球的气体和尘埃,并没有完全脱离地球的引力控制,他们通过相互吸积而结合起来,形成全部熔融的月球,或者是先形成几个分离的小月球,再逐渐吸积形成一个整体的月球。

数不清的小行星

小行星会撞上地球

2012年2月,联合国和平利用外层空间委员会科学技术小组会议在维也纳召开。本来这只是一场十分普通的学术会议,但奇怪的是,它却成为世界各国媒体竞相关注的焦点。到底科学家们谈论了什么话题,让世界各地的人们如此关心呢?

原来,据科学家观测,一颗小行星可能会撞上地球。这颗名为"2011AG5"的近地小行星是由美国亚利桑那州的观测者发现的。根据现在估计出来的小行星运行轨道,在2040年左右,这颗小行星可能会与地球"亲密晤面"。不过,由于科学家目前只能观测到这颗神秘行星的一半面目,因此除了它的尺寸以外,我们无法了解它的具体质量和构成成分,这使得我们暂时还无法准确地预测它未来的运行轨道。所以,到底是"擦肩而过"还是"亲热相拥",现在还是一个未知数。这次会议上,科学家们热烈讨论了关于如何采取有效措施防止这颗小行星撞上地球的话题。由于关系人类的未来,这次会议也就理所当然地成为世界人民关心的焦点了。

不过朋友们可能会疑惑:太阳系不是有八大行星吗?那小行星是什么呀?它们平常都在哪里啊?为什么会突然有一颗要撞地球呢?别急别急,让我给你们慢慢道来。

我们知道,太阳系有八大行星,它们体型巨大,运行轨道稳定,十分引人注目。但是在火星和木星的轨道之间,还有一个由成千上万颗小行星聚集的条带,估计行星数目多达 50 万颗,这个区域因此被称为主带,通常称为小行星带。太阳系内 98.5℅的小行星都集中在这个区域内。打个比喻,小行星带就像是太阳系中最大的幼稚园,不同组成、不同大小的小行星欢聚一堂,可以说是十分壮观。

小行星的发现

发现第一颗小行星的过程却很有趣。

18 世纪天文学家认为:在火星和木星之间,一定还存在另一颗行星,因为他们发现各行星与太阳之间的距离递增有一定的规律,而火星轨道和木星轨道之间的距离很特别,有一大片环形空间。于是,他们就仔细找呀,找呀,想再找到一颗行星。1801 年,他们终于发现了一个小天体,直径只有 770 千米,比起行星来,它多小呀,可是它却像行星一样绕太阳运行。科学家们对它十分感兴趣,将谷物女神"色列斯"的名字给了它。

后来天文学家在这一区域里又发现了越来越多的小天体,它们全都像行星一样运行,却比行星小很多,最大的直径也只有几百千米,怎么称呼它们呢? 干脆叫它们小行星吧。

每颗小行星都有好听的名字,它们是以"神"和地球上的城市和伟大科学家的名字命名。如:中国紫金山天文台 1928 年发现的第一颗小行星,命名为"中华"。

而火星和木星之间的环形空间,因为小行星特别多,就被称为小行星带。

小行星这家幼稚园是太阳创办的,但园长似乎是木星,副园长应该是火星。因为这么多小行星能够被凝聚在小行星带中,除了太阳的万有引力以外,木星的万有引力起着更大的作用,而火星也时不时地会产生些影响。原始太阳星云中存在着一群星子(比行星微小的行星前身),由于距离木星很近,庞大的木星对它们有很强烈的重力影响,这阻碍了星子们形成行星,造成许多星子相互碰撞,并形成许多残骸和碎片,停留在一个条带上,慢慢形成了小行星带。小行星带上除了几颗稍微大一点的行星外,大多数都非常小,有一些甚至只有鹅卵石大小。不过,虽然它们看上去微不足道,但是如果撞上其他星体,其破坏能力依旧是相当可观的。

目前小行星带所拥有的质量应该仅是原始小行星带的一小部分,以电脑模拟的结果,小行星带原来的质量应该与地球相当。由于受到火星或者木星的重力扰动,在百万年的形成过程中,大部分小行星带上的物质都被抛射出去了,残留下来的质量大概只有原来的千分之一。所以,小行星带上的物质其实是十分稀松的,目前人类发射的几艘太空飞船都安全通过了此区域,没有发生与小行星碰撞的事情。可见,木星和火星这两个正副园长真是十分严厉啊,一有不顺心的小朋友闹脾气,立马便将他们甩出去不要了。

除了小行星带,还有很多小行星在其他轨道上运行。比如说,火星轨道内侧有一个阿莫尔型小行星群。这一类小行星可以穿越火星轨道并来到地球轨道附近。还有阿波罗小行星群,其轨道位于火星和地球之间。这个组中一些小行星的轨道的偏心率非常高,它们的近日点一直可以到达金星轨道内。至于阿登型小行星群,它们的轨道一般在地球轨道以内。有些这个组的小行星的偏心率比较高,它们可能从地球轨道内与地球轨道相交。这些小行星被统称为近地小行星。近年来,人类对这些小行星的研究加深很多,因为它们至少理论上有可能与地球相撞。不过,实际上小行星撞上地球的概率是非常小的。

那么,如果真的证实小行星会撞上地球,我们该用什么办法拯救我们自己呢?有人说,我们可以发射一个航天器,将这颗小行星推离那条会与地球相撞的轨道。也有人说,我们可以在小行星上安装炸弹将它炸毁成碎片乃至尘埃,还有人说,我们可以在地下挖出防空洞来躲避。不管怎样,以人类现在的科技水平,绝对不会等到灾难来临的一刻束手就擒,我们会提前想好办法,拯救我们的家园。

不过,虽然人类应当为这不足百万分之一的相撞的可能性做好万全的准备,但也没有必要过分担忧,毕竟,享受当下的美好生活,创造更美好的明天,显然比担心世界末日来临要有意义的多。

小行星带想象图

彗星的怪样子

彗星从哪里来

一颗彗星披头散发,拖着长长的亮尾巴从天空越过。这是一颗多奇特的星星呀!它怎么会是这个怪样子呢?它是从哪里来的啊?

科学家推测,在太阳系的最外层,约离地球 1 光年远的地方,有一个由 1 万亿个彗核构成的庞大球云。这些彗核是由冰块、岩石和有机物组成的一个个大雪球。

每当有一颗太阳系以外的恒星从它们身边经过,恒星强大的引力便强迫一群彗星进入很扁的椭圆轨道,冲向太阳。

当这些进入椭圆轨道的彗核运行到木星和火星轨道之间的一个地方,它们开始受热而蒸发。从太阳的大气层吹来的物质——太阳风,会把尘埃和冰块推向彗星的背后,使它长出一条尾巴。彗核还会生出一些纤细的"毛发",科学家给它形象地取名叫彗发,而整个彗核连同彗发一起被称为彗头。

长长的彗尾所含的物质非常少,是个空虚的庞然大物。

虽然每颗彗星的大小、形状都不一样,但他们总是有头有尾的。

科学家们希望通过对彗星的研究,探索 46 亿年前太阳系形成时的物理和化学状况。

哈雷彗星是地球的老朋友,早在 400 多年前,人们就对它有了记载。

科学家哈雷最早计算出这颗彗星 76 年回归一次,于是人们就把哈雷的名字给了这颗彗星。哈雷彗星的最近一次与地球见面是 1986 年 11 月——1987 年 4 月。

海尔波普彗星,千年难得一见,1997 年 3 月姗姗而来。科学家们对它进行了研究,发现彗星主要成分是冰水混合物,少量的碳氢化合物和生命诞生所需的有机分子。彗星表面活动剧烈,当它首次接触到太阳光时就开始喷发。

地球与彗星相碰

自古以来,各地对彗星都有过恐惧和迷信的传说。因为彗星那怪怪的模样,幽灵般的行踪,总让人把世间的不祥之事跟它联系起来。有的说它预示洪水泛滥、火山爆发、帝王将相部落头领的末日、王国的崩溃等等。总之是灾难的预兆。

阿拉伯人把彗星叫做"燃烧的剑";中国老百姓把彗星叫做扫帚星。

今天,科学家已经对彗星的本来面目有了一些比较清楚的认识,知道它的主要成分,能计算出它的归来周期。说它是灾星是毫无道理的。

1910 年初,世界许多大报纸都登出了令人恐慌的消息——地球将于这一年的 5 月 19 日与著名的哈雷彗星相撞。很多人认为"世界末日"到来了,以惴惴不安的心情等待着这"最后的一天"。

科学家的预测是:当哈雷彗星离地球最近的时候,恰好位于地球和太阳之间,与地球相距只有 2400 万公里,而彗星的尾巴长在 4000 万公里～5000 万公里以上,因此,彗星的尾巴肯定要扫过地球。

5 月 19 日平安地度过了,当地球与彗尾相碰时,普通百姓既没有看见什么碰撞的景观,也没有什么特别的感觉。

这是为什么呢？让我们来看看彗星的结构你就会明白。

彗星是太阳系中庞大的天体,也是一种奇异的天体。

彗星大都有明显的头部和横贯半天、能发出血红、金黄、灰白光芒的尾端,所以又叫扫帚星。

彗星由彗核、彗发、彗尾组成。彗核是由水、氨、甲烷等所形成的"脏雪球",核的周围环绕着一种云状的彗发,这些彗发则是由核所产生的气体及固体小颗粒组成。

当彗星接近太阳时,强烈的辐射使彗核内冻结物汽化、蒸发,并发出光来,在围绕彗核的地方便有巨大的鬃状物产生,这就是彗发。

彗头后面长长的彗尾,可看作是被"太阳风"吹出来的彗星物质。当彗星远离太阳时,彗星尾巴逐渐消失在宇宙中。

彗星虽然是个庞然大物,可是它 99.9% 以上的物质都集中在几百米到几千米,很少超过 100 千米的彗核中,而彗尾包含的物质极少,几百万千米长的尾巴可能只有不到 130 克重的物质,只有一个小苹果重。它的密度仅有空气密度的 10 亿分之一! 差不多是真空。

想一想,地球和这样一个轻飘飘的彗星尾巴想碰怎么会受伤呢? 难怪当彗星撞了地球以后,地球却像燕子穿云一样未受任何损伤。

彗星与地球相撞,决不是地球的末日,可是对地球上的气候变化有没有影响呢? 科学家的回答是肯定的。

有的提出彗星与地球相撞后,地球上会变得越来越寒冷,出现一次冰河期;还有完全相反的说法,认为彗星的到来会使气候变暖。当然,他们各自都有自己的理由,但事实究竟如何呢? 这还是一个需要人们进一步探索才能弄清的问题。

彗星

天空的星星

人们为了辨认星星,给天空划分了区域,安插了坐标,这就是一个个星座。由于地球的运动、季节的变换,星空也有所变化。因为有动人的故事相伴随,星星的天空也是丰富多彩的。

星座——寻找星星的坐标

星座的故事

在古代希腊的神话故事中,有这样一个温柔美丽的少女叫卡力斯托。传说卡力斯托被众神之王宙斯所爱,生下了儿子阿卡斯。宙斯的妻子赫拉知道后非常气愤,她决定要用法力对卡力斯托进行惩罚。于是,卡力斯托白皙的双臂变成了长满黑毛的利爪,娇红的双唇变成了血盆似的大口。就这样,美丽的少女终于变成为一只大母熊。后来,宙斯知道了,他就把大熊提升到天上,成为大熊星座。这也就是我们常提到的北斗七星所在的星座。

过了许多年,卡力斯托的儿子阿卡斯长大,并成为一名出色的猎手。这一天,阿卡斯在森林里打猎。在森林里的卡力斯托认出了自己的儿子,但却忘了自己是熊身的她激动地向他跑了过去。可是,阿卡斯并不知道这只可怕的大熊是自己的母亲,便向这只熊举起长枪。就在这个危险的时候,宙斯急忙将阿卡斯也变成一只熊。变成熊的阿卡斯认出了自己的母亲,从而避免了一场弑亲的悲剧,而阿卡斯则成为小熊星座的化身。这也就是北极星所在的星座。

说到星座,许多女生可能会马上联想到与占卜相关的东西。在她们眼中,十二星座代表了十二个基本人格形态或感情特质,所以经常可以看到一群女生围在一起谈论各自星座,继而分析某某人性格。而在这里,我们要谈论的是天文学上的星座,这不仅仅局限于十二星座。

星座的划分

所谓星座,是指天空中一群在天球上投影的位置相近的恒星的组合。不同的文明和历史时期对星座的划分可能不同。现代星座大多由古希腊传统星座演化而来,由国际天文学联合会把全天精确划分为 88 个星座。

全天 88 星座全名列表

为了更加方便地认识星星,人们按照空中恒星的自然分布划成了若干区域。这每个区域大小不一,而又将每个区域称作为一个星座。又用线条连接同一星座内的亮星,形成各种各样的图形,人们根据其形状,分别以近似的动物、器物来模拟,并取上相应的名字。

人类肉眼可见的恒星有近六千颗,每颗均可归入唯一一个星座。每一个星座可以由其中亮星的构成的形状辨认出来。基本上,将恒星组成星座是一个随意的过程,所以在不同的文明中,星座的组成划分方法不尽相同。当然部分由较显眼的星所组成的星座,在不同文明中也大致相同,如猎户座及天蝎座。

星座的起源在东西方也有不同。

西方星座起源于四大文明古国之一的古巴比伦。据说,现在所谓的黄道 12 星座等总共有 20 个以上的星座名称,在约 5000 年以前美索不达米亚就已诞生。此后,古代巴比伦人继续将天空分为许多区域,提出新的星座。在公元前 1000 年前后已提出 30 个星座。

古希腊天文学家对巴比伦的星座进行了补充和发展,编制出了古希腊星座表。公元 2 世纪,古希腊天文学家托勒密综合了当时的天文成就,编制了 48 个星座。并用假想的线条将星座内的主要亮星连起来,把它们想象成动物或人物的形象,结合神话故事给它们起了适当的名字,这就是星座名称的由来。希腊神话故事中的 48 个星座大都居于北方天空和赤道南北。

东方星座起源以中国为代表。在中国古代,为了便于研究,中国人很早就把天空分为三垣二十八宿。《史记·天官书》里记载颇详。三垣就是指北天极周围的 3 个区域,即紫微垣、太微垣、天市垣。二十八宿是在黄道和白道附近的 28 个区域,即东方七宿,南方七宿,西方七宿,北方七宿。

而现代星座的确定,则是在 1928 年,国际天文学联合会正式公布的国际通用的 88 个星座方案,国际天文学联合会用精确的边界把天空分为八十八个正式的星座,使天空每一颗恒星都属于某一特定星座。这些正式的星座大多都是以中世纪传下来的古希腊传统星座为基础的。

春季星空

春天的星座

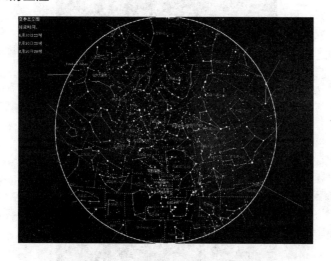

春季星空

一年之中,春、夏、秋、冬四季轮换,这不仅仅带来了地面上的寒来暑往,也使夜空发生了斗转星移的变化。天文上,就将每年3月——5月定为春季。

春季星空的主要星座有:大熊座、小熊座、狮子座、牧夫座、猎犬座、室女座、乌鸦座、长蛇座。

春季的夜晚,每当我们抬头仰望星空,首先吸引我们注意的,总是高悬于北方天空的北斗七星(即大熊座 α、β、γ、δ、ε、ζ、η 星),由于七颗星的亮度都比较大,所以都很容易找到。

北斗是由天枢、天璇、天玑、天权、玉衡、开阳、摇光七颗星组成的。古时候,中国人把这七颗星联系起来想象成为古代舀酒的斗形,所以称之为北斗七星。天枢、天璇、天玑、天权组成为斗身,古曰魁;玉衡、开阳、摇光组成为斗柄,古曰杓。

北斗七星的组成

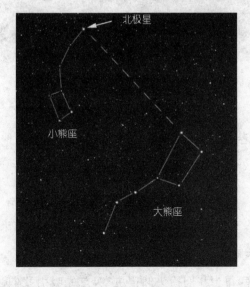

由北斗七星找到北极星

说起北斗七星,它是十分有用的。当我们迷路时,我们可以借助它来找到北极星,进而确定方向。方法很简单,即通过斗口的两颗星连线,朝斗口方向延长约 5 倍远,就找到了北极星。

北斗七星在不同的季节和夜晚不同的时间,出现于天空不同的方位,所以古人就根据初昏时斗柄所指的方向来决定季节。先秦著作《鹖冠子·环流篇》中这样写道:斗柄指东,天下皆春;斗柄指南,天下皆夏;斗柄指西,天下皆秋;斗柄指北,天下皆冬。

目视夜空,我们目光顺着斗柄的指向,可以找到一颗亮星,即牧夫座的大角,后到达室女座的主星角宿一。这条由北斗七星的斗柄开始,沿着柄身的弧度,经过牧夫座的主星大角,最后到达室女座主星角宿一的弧线就被称作为"春季大曲线"。

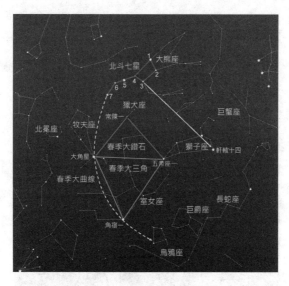

春季大曲线、春季大三角、春季大钻石

而狮子座中的五帝座一、室女座中的角宿一以及牧夫座中的大角星这三颗亮星则构成了"春季大三角",在星空上连线成为一个大三角形。

另外，"春季大三角"如果再加上猎犬座中的常陈一，就会排列成一个侧视的钻石形状，称为"春天大钻石"。

室女座（也称为处女座）被奉为主管农业的神，其象征图形是一名手持麦穗的少女，是以许多大小不同的星星构成的，在星空连线下成为天使似的少女模样，这也意味着室女座的独立自主。

从室女座的主星角宿一略向西南，便是由四颗星组成的乌鸦座，乌鸦座的下面是长蛇座的尾部。长蛇座从东向西，横跨了半个多的天空，是全天最大的星座之一。

长蛇头部的东北方向，是著名的狮子座。它是春夜星空最辉煌的中心。狮子座的主星，中文名叫"轩辕十四"，是处于黄道上的一颗一等星。有时有明亮的行星走近时，就会非常好看。

春季星空寻星示意图

寻找春季星座的方法

1.先从北天找到北斗七星开始,在春季北天仰角颇高处可找到。北斗七星属于大熊座。

2.沿北斗七星勺口两连线,往勺口方向延伸五倍左右的距离,在大约正北方二十多度仰角处,可看到附近唯一还算亮的星,就是北极星。北极星属于小熊座。

3.沿北斗七星第二、三颗星的连线往东方看,可以看到呈碗状的北冕座。

4.沿北斗七星斗柄方向,顺势往东南方拉出一条大弧线,沿途会经过大角星及角宿一这两颗亮星,就是春季大曲线,进而又认出了牧夫座及室女座两个星座。

5.由大角星及角宿一连线的中点,往西方延伸,即可找到狮子座的亮星之一:五帝座一。它的特色是和另外二颗星组成一个小三角形。

6.大角星、角宿一及五帝座一连成一正三角形,就是春季大三角;若能往北斗七星方向再找到猎犬座常陈一则可连成春季大钻石。

7.狮子座最亮的星不是五帝座一(狮子尾),而是更西边的轩辕十四(狮子头),狮子头是呈问号型,而轩辕十四位于问号底部,很容易辨认。

春季认星歌

春风送暖学认星,北斗高悬柄指东,

斗口两星指北极,找到北极方向清,

狮子横卧春夜空,轩辕十四一等星,

牧夫大角沿斗柄,星光点点照航程。

夏季星空

夏天的星座

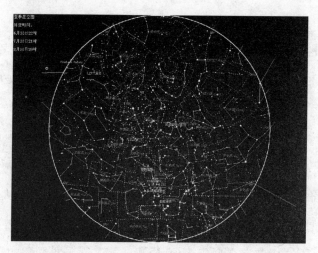

夏季星空

纤云弄巧，飞星传恨，银汉迢迢暗度。金风玉露一相逢，便胜却人间无数。

柔情似水，佳期如梦，忍顾鹊桥归路。两情若是久长时，又岂在朝朝暮暮！

——秦观《鹊桥仙》

上面一首词写的是有关牛郎织女的故事，相信大家在小时候都听过他们的故事，而在灿烂的夏季星空中，也有着以他们俩名字命名的两颗星:牛郎星和织女星。

夏季是看星星的好时节,夏季星空更是精彩绚烂。因为这时地球处在太阳和银河系中心的位置上,晚上看见的星星自然就多了。

我们依旧从北斗七星开始,北斗七星位于大熊座。北斗七星的斗柄此时指向南方。而银河则在"勺口"张开所对的方向,两旁的牛郎星和织女星遥遥相望。织女星是天琴座的 α 星,紧靠织女星的东南方,有一个小小的平行四边形,它是由暗星组成的,可要瞧仔细了。由织女星向东南方看,隔着淡淡的银河会看见一颗略显黄色的亮星,那就是天鹰座的 α 星(河鼓二),也就是我们常说的牛郎星。在牛郎星和织女星之间的银河上,可以看见一个很大的十字形的星座,这是天鹅座,我国民间传说中它就是那搭桥的喜鹊。天鹅座是夏夜星空的代表星座。天鹅座东北端的那颗白色亮星是天鹅座的 α 星(天津四)。

夏季星空,夏季大三角

天黑以后向西看,就找到狮子星座。狮子座东面是室女座,还有天蝎座。

在天空南方,比较低的星空闪耀着一颗红色的亮星,它是天蝎座的主星心宿二,也是一颗处在黄道上的亮星。天蝎座的明显特征是有三颗星等距成弧摆开,心宿二恰在圆心。在我国古代天文学中,天蝎属商星,猎户属参星。刚好一升一落,永不相见,于是有诗人说:"人生不相见,动如参与商。"

天蝎座东面,就是人马座,人马座的东半部分,有六颗星,被称为南斗。在天蝎与人马一带的星空,有一条白茫茫的光带,那就是银河了。

北斗七星此时在西北天,找到牧夫座后,向东,在差不多天顶的位置,有个半圆形的星座,叫做北冕座,就像一个镶满珠宝的皇冠,这里聚集着大量的星系。

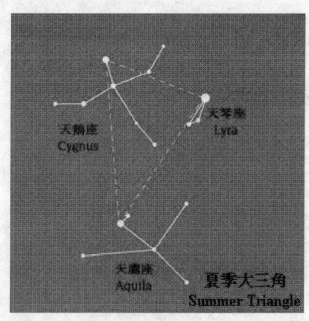

夏季大三角

在夏季的东南方高空里可以看到一个由三颗星连成的一个大三角,

它就是由天琴座的织女星,天鹅座的天津四及天鹰座的牛郎星组成的"夏季大三角"。即使在大城市里,只要避开强烈的灯光干扰,也能看到这个明显的几何图形。在三角形的西边是银白色的织女星,在她的东边是天津四星,在东南方的那颗是牛郎星。

夏夜星空里有 3 颗超级亮星,它们用假想的线连起来,恰好像一个直角三角形,所以观星的人就把它们选定为星座的"天标"(交通标志)。只有阴天才会在夏夜里看不见这夏季大三角。

寻找夏季星座方法

1.先找到夏夜星空中最亮的恒星——织女星,在夏夜中常可在天顶附近的星空找到。

2.由织女星往南找呈扁担形的三星组,中间最亮的那颗就是牛郎星。

3.由织女星与牛郎星连线的中点往东北方找呈大十字形的星座,十字的顶端最亮的星就是天津四。

4.织女、牛郎与天津四连成一直角三角形,织女星位于直角,就是夏季大三角。织女、牛郎与天津四分属于天琴、天鹰与天鹅座。

5.顺着天鹅座十字形的中轴方向延伸就是银河,顺着银河往南看,就可以看到南天的天蝎座。天蝎成一个倒立的问号勾入银河,其中最亮的星是红色的心宿二。

夏季认星歌

斗柄南指夏夜来,天蝎人马紧相挨,

顺着银河向北看,天鹰天琴两边排,

天鹅飞翔银河歪,牛郎织女色青白,

心宿红星照南斗,夏夜星空记心怀。

秋季星空

秋天的星座

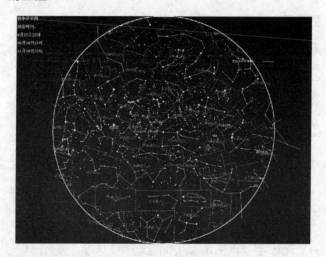

秋季星空

秋高气爽，秋季仍然是观星的大好时机。秋夜星空最多的是"王公贵族"，仙王、仙后、仙女、英仙、飞马、鲸鱼，这些是秋季星空的主要星座。

秋季时北斗斗柄指西，此时北斗七星可能已经十分靠近地平线而不易寻找了，但我们大可利用另一个标志——仙后座，它就在银河中，看到那个斜"M"了吗？对，就是它。

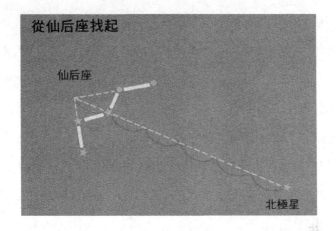

由仙后座找到北极星

　　试着从"M"中间那颗星作大约垂直银河方向向突起的方向伸长,所碰到的第一颗亮星就是北极星,北极星位于小熊座,以前我们不都是靠北斗才找到它的嘛。

　　找到仙后座之后,顺"河"西南而下,可以找到熟悉的"十"字形天鹅座,而往东北逆"河"而上可看见"人"字形的英仙座。

　　仍从仙后座往南看,四颗较大的亮星组成一个大正方形,这就是秋季星空的代表座——飞马座。飞马座再往南有宝瓶座和双鱼座,它们虽然没有亮星,却都是黄道星座。

　　"飞马当空,银河斜挂",这是秋季星空的象征。

　　秋季星空中天顶偏东是飞马座。仙女座就是在飞马座东北的一字形星座。仙女座北面是 W 形的仙后座。仙后座西面是仙王座,东面是英仙座。英仙座的大陵五是著名的食变星。

　　英仙座与仙后座之间是英仙座双重星团。仙女座则有一个著名的大星系:仙女座大星云。这是一个比银河系还大得多的星系,也是北半天中距离我们最近的一个星系。

在每年10月份,选择一个晴天又没有月亮的晚上,面向西南方找到"夏季大三角",然后,慢慢地向东方漫游,就会遇到"秋季大四方"。四个角上的四颗星并不是很亮。

四边形的4颗星分别叫做室宿一、室宿二、壁宿一、壁宿二。在我国古代,人们把这个四边形看做是避风遮雨的住室。每到秋季,人们修补房屋、堵上漏洞,才算吃了"定心丸",保证过一个温暖的冬天,因此也把这4颗星叫做"定星"。

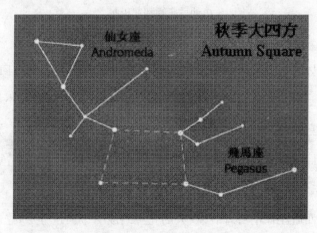

秋季大四方示意图

我们抬头巡视秋季星空,可从头顶方向的"秋季大四方"(又称为"飞马——仙女大方框")开始,这个四边形十分近似于一个正方形,而且当它在头顶方向时,其四条边恰好各代表一个方向。秋季四边形由飞马座的三颗亮星(α、β、γ)和仙女座的一颗亮星(α)构成,十分醒目。将四边形的东侧边线向北方天空延伸(即由飞马座 γ 星向仙女座 α 星延伸),经由仙后座,可找到北极星,沿此基线向南延伸,可找到鲸鱼座的一颗亮星(β)。

将四边形的西侧边线向南方天空延伸(即由飞马座的β星向α星延伸),在南方低空可找到秋季星空的著名亮星北落师门(南鱼座α星),沿此基线向北延伸,可找到仙王座。从秋季大四方的东北角沿仙女座继续向东北方向延伸,可找到由三列星组成的英仙座。秋季大四方的东南面是双鱼座和很大的鲸鱼座。仙王、仙后、仙女、英仙、飞马和鲸鱼诸星座,构成灿烂的王族星座,这是秋季星空的主要星座。秋季四边形的西南面是宝瓶座和摩羯座。秋季星空的亮星较少,但像仙女座河外星系(M31)这样的深空天体却比比皆是。

寻找秋季星座的方法

1.秋季星空较平淡,可先从北天呈倒W型的仙后座找起。

2.从仙后倒W的两边延伸线交点,与倒W的中间那颗星的连线,朝倒W开口方向延伸五倍左右的距离,在大约正北方二十多度仰角处,可看到附近唯一还算亮的星,就是北极星。北极星属于小熊座。

3.从北极星往仙后倒W的西侧星空向南延伸,可找到一个大的四边形,就是飞马座的肚子,也就是秋季大四方。在秋夜中常可在天顶附近的星空找到它。

4.往北看,飞马是倒挂在天空,它的马头是朝向西南方。前马脚(西北角)指向夏季的天鹅座;后马脚(东北角)就是仙女座;马尾(东南侧)附近的星空则可找到呈大V字形的双鱼座。

5.顺着飞马前胸(西侧)往南延伸,在南天颇低仰角处可找到一颗亮星,就是南鱼座的北落师门。

秋季认星歌

秋夜北斗靠地平，仙后五星空中升，

仙女一字指东北，飞马凌空四边形，

英仙星座照夜空，大陵五是变光星，

南天寂静亮星少，北落师门赛明灯。

冬季星空

冬天的星座

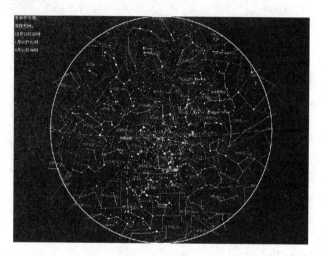

冬季星空

　　冬季星空极其壮丽。猎户座是冬季星空的中心。猎户座中两颗最亮的星分别是四边形右下角的参宿七与左上角的参宿四。参宿七是很亮的星，大约相当于 60000 个太阳的亮度，距离地球大约 900 光年。它的表面温度大约是 12000 度，直径约为太阳的 35 倍。参宿四是个很大的星，直径有太阳的 800 倍大，它的光度会变，是个年老的红巨星，在冬日的夜空中，呈现红色耀眼的光芒。

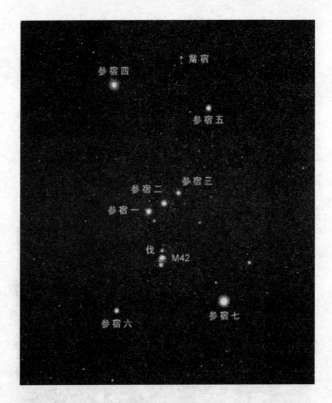

猎户座示意图

　　猎户的腰带由三颗星组成，分别是参宿一、参宿二、参宿三。这三颗亮星排列整齐，民间所说"三星高照"指的就是它们了。

　　参宿一距离地球 1400 光年，直径约是太阳的 19 倍；参宿二距离地球 1350 光年，直径约是太阳的 20 倍；参宿三距离地球 1200 光年，直径约是太阳的 18 倍。《诗经》中"绸缪束薪，三星在天"即指这三颗星。

　　猎户座中还有另一组三星。这三颗星都是四等星，在腰带的南边成南北向排列，犹如挂在腰带上的宝剑。著名的猎户座 M42 大星云就位于这三颗小星的正中央。猎户座除了参宿四、五、七之外，都是属于刚诞生不久的年轻星球，表面温度很高，发出蓝白光芒。就是这些高温星球放出紫外线，令周围的气体游离发光，形成缤纷灿烂的猎户座星云。这个星云中有个区域正在酝酿新的恒星。三星最左边的那颗旁边是马头星云。

三星连线向左下方延长，就能遇到全天最亮的恒星：天狼星。它视等－1.46，距离地球8.65光年，直径为太阳的1.68倍，实际光度比太阳大24倍，呈蓝白色光辉，表面温度1万度。

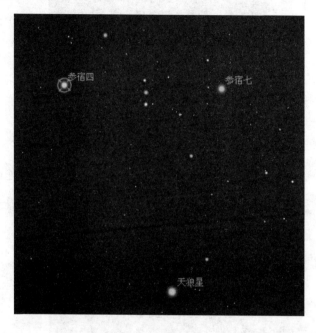

天狼星和猎户座

从三星向右上方延长就是红色亮星毕宿五。金牛座东南是双子座，再向东是巨蟹座，再往东是狮子的头部了。猎户座的西南是漫长巨大却十分暗淡的波江座。猎户座正南方是天兔、天鸽座，再往南是船底座仪星老人星。

冬季大三角是冬季夜晚星空的主要景象，由大犬座的天狼星、小犬座的南河三及猎户座的参宿四所形成的三角形。这三颗星所形成的三角形位于天球的赤道上，所以世界各地都可以看见。

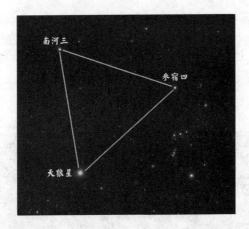

冬季大三角

　　在冬季的夜空中,除了冬季大三角,由猎户座的参宿七,连向金牛座的毕宿五和御夫座的五车二,再转向双子座的北河二、三,接着连至小犬座的南河三和大犬座的天狼星,最后再回到猎户座的参宿七——这七颗星就组成了我们所称的"冬季大椭圆"。

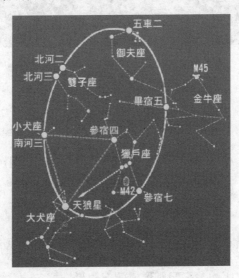

冬季大椭圆

寻找冬季星座的方法

1.先认出猎户座吧！无论是造型或亮度都非常明显,其腰部由三颗星排列而成(腰带),双肩及双腿则各有一颗亮星,其中右肩那颗参宿四呈红色,而左腿的参宿七则偏蓝色。

2.顺着猎户的腰带三星往东南延伸,绝不会错过耀眼璀璨的天狼星,因为它是四季夜空中最亮的恒星。天狼星属于大犬座。

3.顺着猎户的双肩二星往东方延伸,可找到另一颗亮星南河三。南河三属于小犬座。

4.天狼、南河三与参宿四连成一等腰三角形,就是冬季大三角。

5.顺着天狼星和猎户的左肩(参宿五)联机往西北延伸,可找到金牛座的亮星毕宿五(位于牛角),金牛角呈 V 字型,很容易辨认;再顺同一方向续往西北,则可找到金牛座赫赫有名的疏散星团——昴宿(七姊妹)星团,肉眼看起来是模糊的星点。

6.把天狼、南河三、参宿七、毕宿五连成一个弧线,再继续连成一个椭圆,就是冬季大椭圆,又因此多找到了御夫座(五边形)的五车二及双子座(像个"北"字型)的北河二与北河三。

冬季认星歌

三星高照入寒冬,昴星成团亮晶晶,

金牛低头冲猎户,群星灿烂放光明,

御夫五星五边形,天河上面放风筝,

冬夜星空认星座,天狼全天最亮星。

航海的导航

"成为船员参加航海还是接受死刑?""我选择死刑。"

在欧洲曾有一段时期,犯了重罪的罪犯,在最后一刻可以选择去航海而避免死刑。然而大部分罪犯却宁愿被处死。这在今天看来十分不可思议。在那个时期,远洋航海远比死刑恐怖。在茫茫大海上,船员们时刻忍受着孤独,面临坏血病的威胁,更可怕的是,不知自己身在何方。

很久以前,人们就发现,在不同的地方,看到的星空是不同的。在一望无际的大海上,星星自然而然成为指路的航标。

也许你会有疑问,用指南针不就能确定方向了吗?实际上指南针所指的并不是地球自转轴的南极,而是地球磁场的北磁极。地球磁场的磁极与地球自转轴的南北极不完全重合。另外,随着指南针在使用时,本身的磁性会逐渐减弱,或受到其他干扰,准确度也会下降。综合种种因素,使得指南针在实际使用时可能产生很大偏差,需要其他方法辅助。

古代中国的航海技术领先于世界,宋朝人已经发现,指南针所指的方向不一定准确,远洋航海时,只有星星是最忠实的。宋朝时使用多种方法确定航向,互相补充。"舟师识地理,夜则观星,昼则观日,阴晦则观指南针,"是当时的生动写照。

说到用星星导航,你最先想到哪一颗呢?没错,很多人会想到太阳。太阳每天东升西落,是最显眼的领航人。但是在北半球,太阳只有在春分和秋分那天才是从正东方升起的,夏至日时,太阳升起和落下的位置是一年中最偏北的,冬至日相反。

那没有太阳的时候怎么办呢?

金星和水星总是伴随在太阳身边,而且亮度很高,容易辨认。12 月10 号左右到次年的 6 月 8 号左右,日落后一段时间内,金星仍然挂在西方天空;剩下的时间,金星则在日出前出现在东方。

众所周知,北斗和北极星是辨认北方的最佳选择,那南方呢? 在北纬25 度以南地区,可以看到南十字座,它忠实地引导着向南航向的船只。

当时常用的导航星有北极星、南十字座、织女星、牛郎星等。他们在观测目标升到最高点时进行测量。在不同的纬度,同一个目标星升到最高点时距离天顶的角度不同,由此可以计算出船所处的纬度。我们假设船正向南航行,随着船的位置南移,北极星的高度越来越低,而南十字座则越来越高。

为了提高观测精度,中国古人使用牵星板,西方人则使用六分仪作为测量工具。

随着测量技术和对星空认识程度的提高,近代已经可以通过星星算出船具体的位置,海洋不再是吞噬生命的深渊。

这些方法在今天的我们看来都十分粗糙。然而,就是使用这样简陋的方法,古人越过大洋,绘出整个世界的地图。

南十字座

奇怪的变星

发现变星的故事

你知道变星吗？那是一种亮度发生变化的恒星。说起变星，不得不提到英籍荷兰天文学家古德利克，是他在观察天体时偶然发现了变星，并对变星进行了系统的观察和研究，被誉为"变星研究的鼻祖"。

古德利克因幼年患病而聋哑，少年时代便对星空发生了深厚的兴趣，1782 年 11 月的一天夜晚，18 岁的古德利克像平时一样，通过一架非常简陋的望远镜观察着夜晚的星空。突然，他惊奇地发现，天空中一颗星星的亮度已发生了变化，这颗星就是"大陵五"。他仔仔细细地观测了大约一个小时，确信那颗星的高度确实在变化。后来，他又夜复一夜地观察了整整一个冬天，终于测出这颗星亮度的变化周期为 2 天 20 小时 49 分 8 秒。为此，第二年他荣获了英国皇家学会的最高奖赏——科普利奖章。

20 岁那年，古德利克又相继发现了"渐台二"和"造父一"两颗著名的变星。遗憾的是，由于过度劳累，古德利克只在世上度过了 22 个春秋，去世时刚被选为英国皇家学会会员两个星期！

历史上有多次发现变星的经历，在中国古代的 1954 年，在今金牛座方位也突然出现一颗亮星，其亮度在白天依然可见，中国古天文学家称之为天关客星。

为什么要研究变星？原来变星在天文上有作过特殊的应用，可以利用变星来测量星系与星系之间的距离。

造父变星在天文研究中被称为"量天尺"。1912年哈佛学院天文台研究助理利瓦伊特女士(Henrietta Leavitt)研究小麦哲伦星云中的25颗造父变星,并画出其光度曲线,发现这些变星的周期和其相对亮度有关,越亮者周期越长,约成正比关系。因此由变星变化周期可得其光度,再由绝对星等与视星等关系式 M＝m＋5－5logd 即可求得距离,再加上造父变星为具高光度星体,因此可用来决定星系之距离。

还有超新星。现今所发现的超新星可分为两种类型:TypeI 绝对星等可达－19。TypeII 可达－18。两者可由其光谱分出,也可以用来判定特别是遥远的星系间的距离。

河外星系的发现过程可以追溯到两百多年前。当时,法国天文学家梅西耶为星云编制的星表中,编号为 M31 的星云在天文学史上有着重要的地位。

初冬的夜晚,熟悉星空的人可以在仙女座内用肉眼找到它——一个模糊的斑点,俗称仙女座大星云。从 1885 年起,人们就在仙女座大星云里陆陆续续地发现了许多新星,从而推断出仙女座星云不是一团通常的、被动地反射光线的尘埃气体云,而一定是由许许多多恒星构成的系统,而且恒星的数目一定极大,这样才有可能在它们中间出现那么多的新星。

假设这些新星最亮时候的亮度和在银河系中找到的其他新星的亮度是一样的,那么就可以大致推断出仙女座大星云离我们十分遥远,远远超出了我们已知的银河系的范围。但是由于用新星来测定的距离并不很可靠,因此也引起了争议。直到 1924 年,美国天文学家哈勃用当时世界上最大的 2.4 米口径的望远镜在仙女座大星云的边缘找到了被称为"量天尺"的造父变星,利用造父变星的光变周期和光度的对应关系才定出仙女座星云的准确距离,证明它确实是在银河系之外,也像银河系一样,是一个巨大、独立的恒星集团。因此,仙女星云应改称为仙女星系。

那么变星是什么?

变星是指亮度与电磁辐射不稳定的,经常变化并且伴随着其他物理变化的恒星。

多数恒星在亮度上几乎都是固定的。以我们的太阳来说,太阳亮度在 11 年的太阳周期中,只有 0.1% 变化。然而有许多恒星的亮度确有显著的变化。这就是我们所说的变星。

变星可以大致分成以下两种形态:

1.外因变星:由于两星彼此互绕,周期性的相互遮掩,造成观察时亮度变化。比如食光变星,由双星系统造成星食的现象,较暗的星绕至亮星前将光线切断。

2.本质变星:亮度变化源自于恒星本身,比如说恒星体积周期性膨胀收缩造成光度变化。

脉动变星的变化主要来自恒星规律的膨胀和收缩,造父型和似造父型变星,周期较短(数天至数月)并且变光周期非常规律。还有长周期变星,比如米拉变星。

米拉型变星是非常低温的红超巨星,他经历着非常大的胀缩变化,亮度在 2.5~11 等之间变化,而变暗之前视星等会在 2.5 等维持数个月的时间。米拉变星本身是鲸鱼座 o 星,中名蒭槀增二,亮度以 332 天的周期在 2~10 等之间变化。

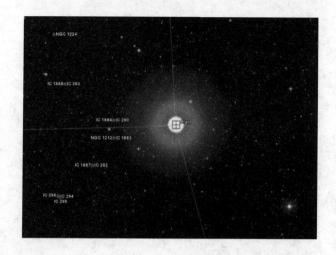

著名食变星大陵五

成双成对的星星

发现双星

1779 年的一个夜晚，一个叫迈耶的天文学家正像往常一样用望远镜观测着星空。不知不觉中，他把镜头对准了一个方向并陷入了深思。镜头中央是两颗距离很近的恒星，这不禁让迈耶想到了一些问题：这两颗恒星离得到底有多近？如果它们离得非常近，会不会相互产生影响，形成一个系统？宇宙中的恒星究竟是彼此孤立的还是普遍存在着几颗恒星聚集在一起的系统？

这些问题始终困扰着迈耶，可是当时的条件无法解答出这些问题。直到 20 多年后，英国天文学家威廉·赫歇尔才准确地解答了这些问题。赫歇尔认为，迈耶观察到的两颗恒星确实是一个系统，它们彼此离得非常近，相互受到对方的引力影响，两颗恒星围绕着一个中心不停地转动着。他把这样的两颗恒星称为双星（或联星）。我们习惯把其中较亮的恒星称为主星，而把较暗的恒星称为伴星。

赫歇尔在定义了双星以后一直致力于寻找双星，他在 4 年里一共找到了 400 多对双星。此后，人们始终把研究双星当做天文学研究里的一个重要的课题。时至今日，人们已经对双星有了比较深入的了解，并根据双星的不同特征把双星分成了几类。

最有趣的一类双星大概要数食双星了。之所以管他们叫食双星，可不是说一颗星会"吃掉"另一颗星,而是因为它们会很有规律地定期挡住对方的光亮,就像发生日食和月食那样,因此称他们为食双星。食双星最显著的特点是它的亮点有着明显有稳定的周期变化。就拿最早被人们发现的食双星——大陵五来说,它最亮时比最暗时亮 3 倍多,变化周期是 2天 20 小时 48 分 55 秒。为什么会发生亮度的变化呢?道理很简单,因为它们运行的轨道是一个平面,而我们正好处在这个平面的侧面上,因此看它们两颗星的运动就像在一条线上来回摆动一样。由于两颗星中一颗亮一颗暗,因此当亮的星运行到前面,刚好完全挡住了暗的星时,双星整体的亮度就是最亮;当暗的星运行到前面,刚好完全挡住了亮的星时,双星整体的亮度就是最暗。

说到底,食双星其实只是当双星轨道恰好在我们看来是一条线时才会出现的现象,在双星中占的比例很小。更为普遍的情况是,我们的视线垂直或者侧向对着双星的轨道面,这样看来双星的运动就是彼此环绕着做着圆形或者椭圆运动了。即使其中一颗星很暗,暗到我们用望远镜也无法看到,但如果我们能观察到另一颗星的螺旋环绕运动,也能推测出暗星的位置。最著名的一个例子就是天狼星伴星的发现,德国天文学家贝塞尔根据天狼星的螺旋运动轨迹推测出了当时还无法观测到的天狼星伴星,30 年后被人们用大型望远镜证实了这个推测。由于这种双星需要依赖观测恒星的运行轨迹,因此被人们称为"天体测量双星"。

还有一种双星,因为距离我们很远,即使在望远镜里也无法观察到两颗星的运动规律,只能看到由两颗星汇聚成的星光,这时我们该如何判断它们是不是双星呢?天文学家们自有办法。在观测恒星时有一项很重要的数据,就是恒星的光谱。光是由许多不同的光波叠加在一起组成的,平时我们看到的阳光其实是由 7 种肉眼可见的不同颜色的光,以及一些肉眼看不到的光组成的，彩虹中的七色光其实就是阳光中的 7 种可见光。把恒星的光分解成各种光波来分析的做法就叫光谱分析。光谱比从望远镜中观察到的恒星更能反映出恒星的一些信息，而且它能分辨出两颗距离很近的恒星发出的不同的光谱。有了光谱分析方法，就可以分辨出距离很远的双星了。这种用光谱方法发现的双星被称为"分光双星"。

另外一种双星叫做密近双星，从名字上就可以看出，两颗双星的距离非常的近，近到两颗星甚至开始吸引对方的物质，而两颗恒星的形状也往往会因为引力的作用发生变化，比如由球形变成像鸡蛋一样的椭球形。

聚星

如果是三颗以上的恒星由于引力作用而形成一个系统，就把它们称为聚星。聚星的原理其实和双星一样，只不过恒星数量比双星更多。其实在宇宙中，像双星、聚星这样的系统占了恒星中的大多数，像太阳这样孤零零的恒星反而是少数。而双星和聚星之所以一直很受天文学家的关注不仅仅是因为它的数量众多，更因为在双星和聚星系统中，恒星的质量可以更精确的测量出来，这对于研究宇宙的演化和宇宙的结构是非常重要的。

了解了这么多关于双星的知识，你是不是也想亲眼见一见双星的尊容呢？教你一个方法，在一个晴朗的夜空向北望，找到明亮的北斗七星，然后从"勺子口"处的第一颗星往下数，数到第六颗星的时候停下来仔细看，如果你能发现亮星旁边的一颗小星，那么恭喜你，你成功地找到了一对双星！亮的那颗属于北斗七星，名叫开阳；暗的那颗叫做辅，是开阳的伴星。善于观察的你，也可以尝试一下自己寻找双星，当你通过自己的努力寻找到一对双星时，发现的喜悦一定会让你感到兴奋和激动的！

紧密的双星

奇妙天象

在地球上观看天空,总有那么多奇妙的天象。为什么会日月同辉? 你见过超级大月亮吗? 美丽的极光来自哪里? 我们正在经历着传说中的 2012 年,2012 年又会出现什么不一样的天象呢?

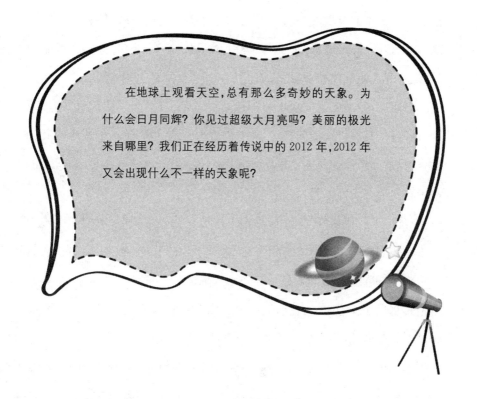

月全食救了哥伦布

1504 年,意大利航海家哥伦布又一次西行,到达了南美洲的牙买加,这是他十多年前发现的"新大陆"之一。这次是旧地重游,望着熟悉的陆地,哥伦布激动万分。而水手们在船上被孤独、寂寞、恐惧、疲劳折磨了很长时间,现在疯狂地冲下船来,他们要尽情享受陆地上的一切。

下船后,傲慢无理的水手与当地居民发生了冲突。被惹怒了的加勒比人把哥伦布一行围困起来,不准他们自由行动,也不给他们提供水和食物,要让这些傲慢的白人在出尽洋相后活活饿死。在绝望中,通晓天文的哥伦布知道当天晚上将发生月全食。于是心生一计,他大声向围困者宣告:自己是上帝派来的使者,如果再不送上食物好好款待,决定从今晚起就不给他们月光! 当地人听到哥伦布警告后,有些人不以为然,有些人将信将疑。好胜的加勒比人是不会轻易认输的。一位长者站起来说:如果哥伦布真的能让晚上的月光消失,他们就相信哥伦布所说的一切。如果哥伦布胆敢欺骗他们,加勒比人将立即让这一伙人去死!

好不容易等到天黑,所有的人都忐忑不安地望着东升的明月。不多一会,月亮果然渐渐被一团黑影吞没,最后变成一个依稀可辨的古铜色圆盘。当地人吓得魂飞魄散,丢掉武器,纷纷跪倒在哥伦布脚下,亲吻他的手指,请求宽恕。哥伦布见此情形,趁机大声宣布已经宽恕了当地人,马上还给他们月光。果然,不久月亮又慢慢露出了它那可爱的圆脸。加勒比人欢呼雀跃,拿出最好的食物款待哥伦布一行,安置最好的房间给他们休息,举行各种仪式表达对"上帝派来的使者"的崇敬。

哥伦布是在特定的环境下,利用自然天象,拯救了自己和一行人的生命,他撒谎骗人是情有可原的!今天我们知道,月亮本身并不发光,它那银白色的光芒,完全是反射太阳的光辉。月食的发生是因为,地球运行到太阳和月亮之间时,阳光正好被地球挡住,不能射到月球上去,月球上就出现黑影,这就是月食。月食通常持续一个多小时,发生很有规律,可以精确计算。发生月食必须是满月,而那时地球又正好位于太阳和月球之间,且在同一个平面上。当月球全部进入地球的影子时就出现全月食,要是月球只有一部分进入地球的影子,出现的就是月偏食。

日月同辉不奇怪

有关日月同辉的报道

"1月2日,新社成都消息,2004年元旦,成都天空出现日月同辉的罕见奇观。1日下午4时,太阳和月亮同时高挂在天上。虽然这一景象此前曾出现过,但如此早的时间就能见到双星齐耀,在蓉城实属少见。"

"据《华西都市报》记者1日下午4时许站在望平街附近水东门大桥桥上,看到北偏东方向天空上高高地挂着半个略显苍白的月亮,十分清晰,转过身来,在西南方向,太阳也高挂在半空,发射出耀眼的光芒。由于当日下午阳光明媚、天气晴朗,许多成都市民目睹了这一奇观。"

"正月初九,风和日丽,是冬日里难得的一个好天气,阳光普照万物,散发出阵阵春的气息。下午一时左右,在瓦蓝的天空背景下,一轮皓月凸现其上,与当空的太阳交相辉映,情景甚为壮观。日月同辉下的靖州县城显得格外秀美。阳光下,人们也在尽情地享受着春的气息。希望这日月同辉的奇特景象能给大家来年的生活带来好运。"

"赣州出现'日月同辉'景象,持续半个小时。8月5日,赣州出现太阳和月亮同时'亮相'的天象,引得众多市民竞相观望。下午3时50分许,记者连续接到读者来电,反映太阳和月亮同时'挂'在天空。记者立即走到室外,果然看见这一天文奇观。太阳和一弯弦月在同一方天空中出现,之间相隔并不遥远,这一景象持续了半个小时左右,月亮才隐入云层。

一位读者告诉记者,按照所掌握的天文知识,在地球上是不可能看到太阳和月亮同时出现的,希望能有这方面的解释。"

以上几段文字是随手摘录的几段媒体对日月同辉的报导。

日月同辉不奇怪

我们都知道太阳下山,月亮才出现,他们像一对永远不见面的情人。可这日月同辉究竟是怎么回事呢?

这是因为月球绕地球转动的过程产生了太阳和月亮的位置变化。

这位置变化就是日月同辉的关键所在。太阳和月亮每天你追我赶,在天空中它们之间的距离每天都不一样。新月时,太阳和月亮齐头并进,面向我们一侧的月亮得不到太阳照射,虽然月亮在白天出现,可它完全被淹没在太阳的光辉之中。月亮跑得比太阳慢,每往后推一天,月亮落后太阳约 50 分钟。当太阳已经跑到西边地平线上时,一弯娥眉月还不紧不慢地坠在后面。随着月亮渐渐变圆,我们依次可以看到娥眉月、上弦月、盈凸月,同时月亮落后太阳越来越远。终于到了满月,太阳已经领先月亮半圈,面向我们的整个月面都被照亮了。夕阳西下时,月亮刚刚在东边地平线上露个头。按这个规律,我们可以猜到,在之后半个月时间里太阳逐渐从后面追上月亮,我们又可以依次看到亏凸月、下弦月和残月。到了残月,太阳已经很靠近月亮了,日出时东边地平线上太阳紧跟着月亮升起。之后又回到新月的情况。

由此算来,月亮其实有很长一段时间都和太阳同时出现在天空中,只是因为太阳太亮或空气浑浊等因素,掩盖了月球的光芒而已。日月同辉这种景象,通常在早晨和傍晚容易看见,当月球较亮时、大气比较干净时(比如大雨之后的晴空),上午和下午也有可能看到。因此我们可以发现日出或日落时,一弯月牙伴随在旁;上午或下午,阳光比较柔和时,半个月亮在蓝天中隐约可见。

　　网上关于日月同辉的报道数不胜数，如果大家有兴趣可以查找有关照片，不过请各位一定要擦亮眼睛，这些照片有很多是伪造的。月亮被太阳照亮，因此，月牙的凸面一定对准太阳，并且连接太阳和月球的圆心，连线一定通过月牙弧线中心。凡是不符合这个条件的照片一定是伪造的，月牙凹面对向太阳的情景不可能出现。在北半球，月亮位置偏南，如果我们面向月亮，左手为东，右手为西。上午出现的月亮，一定是左半边被照亮；相反下午出现的月亮，一定是右半边被照亮。月亮与太阳应当大小相当，月球过大或过小的照片，也都是合成的。

　　日月同辉只是一个普通的美景，这个美景已经无数次的被诗人所赞叹。"杨柳岸，晓风残月。"仔细分析，这句诗完全符合实际情况呢，诗人一定是确确实实触景生情地写下了这个千古名句。"楼上黄昏欲望休，玉梯横绝月中钩"，新月伴随落日，勾起了诗人的无限伤感。

作者在黄山观日出时拍摄的西方的月亮

英仙座流星雨

观流星雨

这是某年 8 月 10 日凌晨,很多人都已经进入了梦乡,但是在漆黑的夜幕下,却又有很多人睁大了眼睛巡视天空,不时交头接耳,兴奋地谈论着什么。架着望远镜的天文爱好者们观测、拍照、记录,忙得不亦乐乎。而那些等候着的少年男女们,则都一脸憧憬地合掌闭目,对着天宇默默喃喃着什么。

到底发生了什么事呢?

如果你此时顺着人们的目光抬头望去,便会见到东北方向英仙座所在的天空上,一颗又一颗流星在天幕中划出一道道长长的亮痕,仿佛少女轻轻落下的眼泪,又像是从九天之上衣袂翩跹、飘然落向凡尘的仙子。原来大家在看英仙座流星雨。

英仙座流星雨是夏季星象的主角儿之一,每年固定在 7 月 17 日到 8 月 24 日这段时间出现,数量众多,规模庞大,十分惹人注目。由于 8 月 10 日是西方洛朗圣神的节日(圣徒日),因此在西方国家又把英仙座流星雨称为"圣劳伦斯的眼泪"。看着划过天空的流星仿佛圣洁的神泪,人们相信对着圣泪许下愿望就可以成真。这也就是前面少年男女们许愿的缘由。

每次流星雨出现的时候,场面总是十分壮观。中国历史上对流星雨的观测记载并不少见。春秋时期,鲁国左丘明所著的《左传》中有"鲁庄公七年夏四月辛卯夜,恒星不见,夜中星陨如雨"的记载。鲁庄公七年是公元前 687 年,距今已有两千七百年的历史。这次记录也是世界上关于天琴座流星雨的最早记录。

世界上有七大著名的流星雨,它们分别是:狮子座流星雨、双子座流星雨、英仙座流星雨、猎户座流星雨、金牛座流星雨、天龙座流星雨、天琴座流星雨。这些流星雨时间比较固定、流量较大,利于观测,一向是天文观测爱好者的宠儿,如果你也想参加一场盛大的流星舞会,这几场流星雨绝对不会让你失望的哦。

流星雨从哪里来的

什么是流星雨呢? 流星雨又是怎样形成的呢?

我们知道,流星雨是一种特殊的天文现象。在地面上的人看来,流星雨似乎是从天空上一个很小的、特殊的区域里以辐射状散落下来的一群流星。不过事实上,形成流星雨的根本原因是由于彗星的破碎。

彗星是太阳系里的一种特殊星体,主要由冰和尘埃组成。彗星的轨道一般都是很扁的椭圆,它们在运行的时候,有时可以离太阳非常近,有时却又离太阳非常远。当彗星逐渐靠近太阳时,彗星上的冰在太阳灼热的温度下汽化,这样一来尘埃颗粒像喷泉一样,被喷出母体而进入彗星轨道。这些被喷散出来的碎片或者尘埃被太阳的辐射压力吹散,形成彗尾,这也是我们见到的彗星通常都带有长长的尾巴的缘故。

由于彗星喷发出来的物质在彗星轨道上有残留,当地球穿过尘埃尾轨道时,这些残留物与地球大气层摩擦,产生大量热,使残留物气化,在该过程中发光形成流星。这样便产生了我们看到的明亮的、带有长长"泪痕"的流星雨。

狮子座流星雨

美丽的极光

极光的形成

如同没有雷暴云的闪电，从地面向高空攀登，它究竟怎样成为凝结的蒸气，仲冬时节变成了喷涌的火？在俄罗斯诗人罗蒙诺索夫的诗中，极光是夜半时升起的晨曦，是天边跳动的火焰。而在爱斯基摩传说中，极光则是老鬼魂燃起的火把，是通向天堂的指路明灯。无论在何地的传说中，极光都无一不披着神秘的面纱，似光似火，如梦如幻。

这究竟是何种神奇的现象呢，它的尽头真的是人们向往的天堂吗？

2007年12月，根据美国国家航空航天局"瑟宓斯卫星"传回的新数据，科学家们才逐步揭开极光的面纱。

事实上，极光是地球周围的一种大规模放电的过程。太阳释放的带电粒子像一道气流飞向地球，当达地球附近时，地球磁场将迫使其中一部分沿着磁场线集中到南北两极。进入极地的高层大气的带电粒子，碰到北极上空磁场时又形成若干个扭曲的磁场，会与大气中的原子和分子碰撞并激发，能量在瞬间释放，产生绚烂夺目的光芒，这就是我们看到的极光。

百态极光

在寒冷的极区，人们举目瞭望夜空，常常见到五光十色，千姿百态，各种各样形状的极光。毫不夸张地说，在世界上找不出两个一模一样的极光。

人们根据极光各异的形态特征将它分成五种：有底边整齐，微微弯曲的圆弧状的极光弧;有形态飘逸,妖娆曲折的飘带状的极光带;有如云朵一般,朵朵分明的极光片;亦有若面纱一样,丝薄均匀的极光幔;还有沿磁力线方向,似斑斓射线的极光芒。

极光就像是大自然魔术师手中的丝帕,你永远不知道它会以何种形态与你照面,你也无法窥测下一秒的它将变幻出何种瑰丽摄魂的美丽。

其实最让人叹为观止的还要数极光的色彩,这已是不能被如梦如幻所概括的美丽。极光似乎从来不会重复穿一件"外衣"。或明或暗,或深或浅,似乎瑰丽的色彩可以在它身上搭配出无数种可能。根据不完全的统计,目前能分辨清楚的极光色调已达一百六十余种。这般多姿多彩,如此变幻无穷,在辽阔无垠的穹隆中,在漆黑寂静、荒无人烟的极区的寒夜,这怎能不令人心醉,这怎能不叫人神往?

早在几千年前,极光的美丽就被人们认识并崇拜着。它曾被人们叫做"烛龙",也曾被人们叫做"曙光之神的腰带",但无论它被称作什么,都无法掩盖人们对它的美丽的肯定与向往。

对于这个极地的宠儿,美丽、壮观等字眼在它面前均显得那样的苍白无力。纵使有生花妙笔怕也难说尽极光那万分之一的美丽与奇妙。

极光 1

极光 2

神秘的通古斯大爆炸

天降大难

1908 年 6 月 30 日清晨,西伯利亚中部发生了一起可怕的大爆炸。

一团比太阳还明亮的大火球拖着宽阔的长尾巴,从天空一划而过,向西北方向飞去,随后一声惊天动地的巨响,把通古斯河谷附近 2000 多平方公里的原始森林化为灰烬。燃烧的巨大蘑菇状黑色烟柱经久不散,大气里飘浮着大量尘埃,使得连续很长一段日子里,夜晚的天空变得异常明亮。

爆炸使得大气发生了很大的骚动,英国气象中心测到大气压像弹簧一样上下波动了 20 分钟。爆炸还引起了不寻常的地震。

总之,通古斯大爆炸是有史以来人类看到的最大的爆炸,据估计,它相当于数千颗原子弹的威力。

灾难过后,从惊恐中安静下来的牧民到森林中去寻找自己的鹿群,他们发现可怜的驯鹿全死了。还有大面积没有烧尽的 6 万多棵大树被连根拔起,树根指向爆炸中心,并呈放射状倒在地上,真奇怪,怎么会是这样呢?

更奇怪的事情还在后面呢。

苏联矿物学家库利克教授一直断言,通古斯大火球是来自宇宙的陨石,因为他一生见过许多许多的陨石。

1927年他组织一批人进入爆炸区考察,可是却没找到陨石坑,也没发现一块陨石碎片。库利克教授不甘心,此后他又带了更多的人,组织了两次考察,掘开大片冻土,挖地30米仍然一无所获。

不过库利克教授仍坚持自己的观点,他给前苏联科学院的报告中说:"根据我们的判断,造成这次事件的只能是陨石,但却没有找到它,也许它被深深埋入地里了。"

许多科学家也认为,那次大爆炸确实是一次陨星事件。他们推测:陨落下来的不是一般的陨石,而是一大块彗星冰核的碎片。它的直径70多米,重达10多万吨。当它以每秒40公里~60公里的速度进入地球大气层后受到强烈摩擦,产生上万度的高温,因此发生爆炸、气化、电离,发出强烈的光和热,最后烟消云散,未留下任何碎片。

对于通古斯大爆炸,科学家们还有许多别的推测。

美国德克萨斯大学的杰克逊和瑞安两位博士却有自己独到的见解,他们认为通古斯大爆炸是宇宙中的微小黑洞闯入地球大气层带来的灾难。两位博士还算出小黑洞是沿着30度角闯入大气层,穿透地球,从大西洋穿出,没有留下一点痕迹。

还有科学家说通古斯大爆炸是宇宙反物质带来的灾难。他们认为在宇宙中存在着反物质。在反物质的原子里,正电子绕着带负电的原子核运动,哪怕微不足道的一丁点反物质与地球上任何一个物质相遇,二者瞬间便会化为乌有,并释放出比氢弹爆炸还大的能量。

加拿大科学家辛哈博士,1974年在美国物质学年会上对通古斯事件的解释是:"降落在西伯利亚的陨石是来自银河系之外的反物质陨石。"

还有"宇宙来客"、宇宙强激光等等说法,只是每种假说都有不能自圆其说的地方,都没有得到普遍认同。因此,通古斯大爆炸至今仍然是个谜。

陨石

这里我们要重点介绍陨石。

陨石——宇宙来客

绚烂的流星划过天际，最终这些可爱的小精灵都去到了哪里呢？有一些只是留在了我们的记忆里，有一些则留在了我们的身边，而最终这些留在地球上的宇宙来客，我们把它们叫做"陨石"。

现在我们把它描述得更加科学一些：

宇宙里的尘粒和固体块会不时的闯入地球大气圈，同大气摩擦燃烧后，产生了光迹，就形成我们肉眼所看到的美丽的流星，如果有流星在大气中未燃烧尽，最终落到地面，则成为陨石。更简单地说，陨石就是来自太空中，并且最终落在表面上的自然天体。当然，陨石也不仅仅只在地球上有，2005年美国国家航空航天局的火星越野车机遇号首次在地球以外天体上发现了陨石。根据陨石本身所含化学成分的不相同，我们大致可把它们分为三类：石陨石、铁陨石和陨铁石，其中石陨石的数目最多。

那我们又如何用肉眼将陨石和其他普通的石块区分开来呢？

"熔壳"和"气印"是陨石表面两个最主要的特征。陨石在高空飞行的时候，由于剧烈摩擦，其表面温度可以达到几千摄氏度，高温下陨石表面融化为液体，又由于低层大气的阻挡，它大大减速并在表面冷却形成一层薄壳，这就是我们所说的"熔壳"。熔壳很薄，只有约1毫米，呈黑色或棕色。在熔壳冷却的过程中，流动的空气在陨石表面会留下痕迹，这就像我们平时在面团上按出手指印一样，这种痕迹叫做"气印"。若是你在野外有看到石头或铁块的表面有一层深色的熔壳，熔壳表面上还有气印，说不定这不是一块普通的石头，而是一位自远方而来的神奇旅人——陨石。当然，除此之外，九成以上的陨石都具有磁性，还有的陨石的断裂面上有毫米大小的球粒。

陨石包含着大量而且丰富的信息，通过对它们进行科学实验和分析，我们可以了解很多宇宙的奥秘，比如太阳系的演化，地球生命的起源，甚至还可以探索外星人的存在。在一些含碳量较高的陨石中，科学家们已经找到了水和核酸、色素、氨基酸等多种有机物，因此有一种假说认为地球上的生命最先是由陨石带来的。

每年落到地球上的陨石物质使地球增重大约1万吨，但是大多陨石比沙粒还小,大到足以产生"火球"的陨石是很稀有的。而大型陨石撞击到地表会留下撞击的痕迹,称陨石坑。1976 年呈雨状落在吉林市区的陨石总重量达 2700 公斤,其中"1 号陨石"落到永吉县附近,遁入地下 6 米多,产生了相当于 6.7 级地震的大地震动,而这块 1 号陨石重 1770 公斤,也是迄今为止世界上最大的石陨石。

陨石坑

从收集到的陨石中,发现了 11 种组成生命体的氨基酸和其他几种有机物。生命的起源还有争论,陨石,说不定就是一把开启生命起源的钥匙呢。

金刚钻石,是天下最硬的东西,也是名贵的宝石。可是天外来客陨石里常常能找到这种宝石。天上掉下来的宝贝,你说这有多好!

总给人新意的四季

生命属于春天

有人说：我最喜欢春天了，青草满地，花儿飘香。要是永远都是春天就好了。

有人说这样不好！如果永远都是一个季节，地球就没有新意了。想想夏天的雷雨、秋天的红叶、冬天的冰雪……这一切都没有啦，世界将失去多少精彩。

我说：地球上的四季是不会消失的，因为地球是斜着身体绕太阳公转，使南北两半球从太阳那儿得到的日照时数和日照角度都在变化，以至于地球上各地的温度有很大差异。这就产生了春、夏、秋、冬四季。夏季，北半球得到的太阳辐射最多，气候最热，白天最长；冬季，北半球得到的太阳辐射最少，气候最冷，白天也最短。而南半球与北半球相反，这就是地处北半球的中国夏天时，南半球的澳大利亚正处在冬天的道理。只有春季和秋季，南、北两半球得到的太阳照射相差不多，气候最为宜人。

记得很久以前读过一个故事，印象一直很深。

一个女孩患了很重的疾病，医院已经没法为她治疗了，她只有回家躺在床上休养。

女孩卧室的窗外有一棵大银杏树，一根树枝刚好伸过来，印在姑娘的窗框上，像一幅变化着的风景画。

这时候已经是深秋季节,树上的叶子发黄发枯,纷纷落下。

女孩的病越来越重,她连起床的力气都没有了。只有望着窗框上的银杏树枝想着心事,漂亮的叶子一片一片地飘落,她感到这飘落的树叶就像是她远去的生命活力。她预感当这最后一片叶子落下的时候,就是自己生命结束的时刻。

陪伴在女孩身边的男友,每天精心照顾她,鼓励她:"一定要坚持,当春天到来的时候,你的病就会好的。"女孩的脸上艰难地露出了一丝笑容:"可能再也没有春天了。"

秋风瑟瑟,印在窗框里的树叶只有几片了,女孩躺在床上静静地等待着最后一片叶子的落下,然后与自己的生命永别。

一片叶子飘离了树干,又一片叶子落下……

女孩的眼睛里滚出了泪水,她还年轻,她不想离开这个世界,她深深地爱着自己的男友。

只有一片叶子还挂在树上,女孩感到自己的生命也只有一丝了,"坚持,树叶还在,我一定要坚持!"

一天,两天……终于树上长满绿色的小芽,小芽展开,变成了嫩绿的蝶形叶片。

春天到了,姑娘的身体也一天天康复。当她能够起床,走到窗前看那片一直陪伴她的黄叶时,她发现这片叶子是被牢牢地粘在树上的。姑娘的眼里立即充满了泪水!她明白了是爱陪伴她走过了生命中最危险的时候。

四季的划分

春天,一切生命都彰显出勃勃的生机,夏季是成长的季节,秋季是收获的季节,冬季是休息的季节。四季变化总给人生活的新意。可四季是怎么划分的呢?

1.天文划分法是从天文现象看,四季变化就是昼夜长短和太阳高度的季节变化。在一年中,白昼最长、太阳高度最高的季节就是夏季,白昼最短、太阳高度最低的季节就是冬季,冬、夏两季的过渡季节就是春、秋两季。为此,天文划分四季法,就是以春分(3月21日)、夏至(6月21日)、秋分(9月21日)、冬至(12月21日)作为四季的开始。即:春分到夏至为春季,夏至到秋分为夏季,秋分到冬至为秋季,冬至到春分为冬季。

大家注意了,春分和秋分昼夜长度相等,而在夏至这一天,在北半球中午太阳最高,差不多在头顶上。全年这一天白昼最长,黑夜最短。

冬至这一天,在北半球太阳从南方斜照着大地。全年这一天白昼最短,黑夜最长。

2.气象划分法在气象部门常用,通常以阳历3~5月为春季,6~8月为夏季,9~11月为秋季,12月~来年2月为冬季,并且常常把1、4、7、10月作为冬、春、夏、秋季的代表月份。

3.农历划分法是我国民间习惯上用农历月份来划分四季。以每年阴历的1~3月为春季,4~6月为夏季,7~9月为秋季,10~12月为冬季。正月初一是全年的头一天,也是春天的头一天,所以又叫春节。

上述几种方法虽然简单方便,但有一个共同的缺点,就是全国各地都在同一天进入同一个季节,这与我国各地区的实际情况是有很大差别的。例如,按照上述划分方法,3月份已属春季,这时的长江以南地区的确是桃红柳绿,春意正浓;而黑龙江的北部却是寒风凛冽,冰天雪地,毫无春意;海南岛的人们则已穿单衣过夏天了。为使四季划分能与各地的自然景象和人们生活节奏相吻合,气象部门采取了候温划分四季法。

5.候温划分法

这种划分法是以候（五天为一候）。平均气温作为划分四季的温度指标。当候平均气温稳定在 22℃ 以上时为夏季开始,候平均气温稳定在 10℃以下时为冬季开始,候平均气温在 10～22℃之间为春秋季。从 10℃ 升到 22℃是春季,从 22℃降到 10℃是秋季。

春

从"超级月亮"说起

2012 年过去了,回过头来看看,2012 年其实也是普通的一年,可是因为 2012 年的冬至是传说中的地球末日,使得 2012 年在某种程度上来说就是特殊的一年。在这一年里,各种传说、谣言、骚乱不时发生,有的人只是把末日说着玩儿,有的人却真是当真了。最为严重的是接近 2012 年底时,有人相信了末日说拿刀杀人,制造了恐怖的血案,而有更多的人相信谣言——2012 年冬至前地球要黑暗三天,于是市面上出现了抢购蜡烛和火柴的怪事。2012 年就这样在许多人的玩笑中和一些人的不安中走过了。现在让我们回头看看 2012 年的"超级月亮"。

如期而至的"超级月亮"

北京时间 2012 年 5 月 3 日消息,本周末,月球与地球之间的距离将超过往常,成为所谓的"超级月亮"(近地点满月)。此外,这也是 2012 年的最大满月。随着月球进一步靠近地球,对地球产生的潮汐力也将增强,达到近地点时比平常高出 42%。

2012 年的超级月亮于北京时间 5 月 6 日 12 时 35 分出现。此时,地球运行到月亮和太阳之间,月亮恰好"直面"太阳,它将太阳的光全部反射给地球,故呈现"最圆",月亮运行到距离地球最近的位置上,约 35.66 万千米,比远地点时近 5 万多千米,故为"最近",两个因素加起来,从地球上观看,月球比远地点时面积增大 14%,亮度增加 30%,号称"超级月亮"。

从地球上看去,这美丽而壮观的"超级月亮"显得更大、颜色更黄。如用肉眼细观月亮,可以看到月亮表面有些地方较明亮,有些地方较暗淡。这明暗交错的图案,给人们丰富的想象空间。如果借助天文望远镜,不仅可以清楚地看到环形山,还可以找到虹湾地区,这是 2013 年中国"嫦娥三号"探月卫星将要降落的地点。

"超级月亮"比平时大 14％。由于天空中没有飘浮的尺子测量月球直径,也没有参照物进行比较,这种满月看上去与其他满月大同小异。观赏超级月亮的最佳时机是月球靠近地平线的时候,此时因为大气中污染物对光线的散射作用,错觉与真实混杂在一起,形成令人吃惊的天文奇观,当在树木、建筑或者其他物体后方出现时,低悬的月球看上去更大,更美,更令人震撼。这时候的"超级月亮"实际上是一种光学错觉现象,被称之为"月径幻觉"。

"超级月亮"的破碎谣言

早从 2011 年 3 月 8 日英国《每日邮报》报道 2011 年 3 月 19 日是月球自 1992 年以来距离地球最近的一天开始,网络上便开始疯传届时月球会给地球带来地震、火山喷发之类的极端天气。有网民称,由于地球和月球之间的距离"太近了",这样的"超级月亮"可能会破坏地球的气候形态,甚至将会引发大规模的火山喷发和地震活动。在此前 1955 年、1974 年、1992 年和 2005 年都曾出现过超级月亮，1974 年圣诞节的"崔西"飓风，曾让澳大利亚达尔文市变成一片废墟。2005 年 1 月"超级月亮"日前两周，印尼大海啸造成数十万人死亡；2011 年 3 月 11 日在距离超级月亮仅有 8 天时，日本发生了 9.0 级大地震。

其实，这些都是强加给"超级月亮"的莫须有的"罪名"，实属毫无科学依据的无稽之谈。将天文奇观和灾难先兆画等号古已有之，并非新鲜话题，而"超级月亮"只是一个美丽的称呼，作为一个再平常不过的自然现象，它与地球上的自然灾害没有丝毫关系。

所谓超级月亮，在天文学研究中并没有这个词语，这是由西方占星师首先提出来的。通俗地说是指月球距离地球较近距离的状态，一般仅仅指出现在近地点时刻的月亮。"超级月亮"的出现是由月亮运行的轨道决定的。和很多天体的运行轨道一样，月球围绕地球运动的相对轨道是椭圆形的。所以，月球在绕地公转时，与地球的距离并非固定不变的。月球每月都有一次近地点，像这次月球和地球如此接近，在过去的 400 年里至少出现了 15 次以上。而月亮对地球的影响主要体现在潮汐,美国国家海洋与大气管理局表示,近地点满月虽然对地球产生更大潮汐力,但人们不必因此感到担忧。在绝大多数地区,近地点上的月球引力产生的潮汐只比平时高几厘米。而潮汐的周期性变化除地月距离的不同外,还有太阳的因素。而地震与月亮就更没关系了,主要是由地球板块运动所引起的。"超级月亮"只是一轮比平时更大,更美的月亮而已,绝不是地球灾难祸首。

2012 世界末日

灾难大片《2012》加上神秘的玛雅文化,2012 世界末日的流传似乎有了确凿的依据和适宜生长的肥沃土壤。

2012 年,地震频发、地球磁极颠覆、宇宙天体重叠、行星冲撞地球……无数煞有介事似是而非的理论,让一些人不得不紧张,不得不惊慌,不得不祈祷,不得不想要逃亡。

末日理论源自于西方,玛雅人从来没有这类想法。玛雅人确实把 2012 年看作一个巨大的转折点,但这个转折点不是指世界的末日,而是指"第五个太阳纪"的到来。玛雅人的"长历法"从玛雅文化的起源时间即公元前 3114 年 8 月 11 日开始计算,2012 年 12 月 21 日为当前时代的时间结束,即完成了 5125.37 年的一个轮回。长历法于是重新开始从"零天"计算,又开始一个新的轮回。玛雅人所说的 2012 年,指的应该是人类在精神与意识方面的觉醒及转变,从而进入新的文明。

其实,或许是人们的罪恶感加重了对灾难的信任程度。我们破坏了并继续破坏着我们的地球家园,当警钟敲响时,当报复到来时,除了恐惧我们似乎别无他法。也许后悔和觉悟,才能够拯救人类。

太阳风暴可怕吗

可恶的谣言

在网络里和社会上流传着一种玛雅日历预言:"2012 年 12 月 21 日的黑夜降临以后,12 月 22 日的黎明永远不会到来,人类将在 2012 年 12 月 21 日冬至之时毁灭。"个人认为这不过是人们茶余饭后的闲谈,不会有人真正会相信这些世界末日之说。

然而最近感觉到这种世界末日说是越说越玄,也越说越真了,以至于影响到了一批人的正常思维、学习和生活。一个孩子在网上留言:"那年我才 12 啊,亏大了。决心做做恶人,把没试过的都做做。绝望啊,我们不想死啊。"我的心被震惊了。

宇宙无边无界,从银河系到太阳系,地球只是太阳系中的一颗普通行星,太阳以它恰到好处的光和热滋养着地球上的生命。可以说地球上生命的存亡主要依赖于太阳的给予。据科学家计算,今天的太阳大约有 50 亿岁,正值中年,是它一生中最辉煌、最稳定也是最漫长的时期。

我们看到的天空中圆圆的太阳,它是太阳的光球层,光芒万丈的阳光就是从这层发出来的。很早就有人观测到:太阳的光球部分经常会有许多暗黑的斑点成群结队地出现和消失,这就是太阳黑子。

为什么地球上的人可以看到太阳上有黑色斑点呢?

因为太阳黑子的温度比太阳表面光球低 1400℃左右,所以看上去就有点"黑"。

太阳黑子是太阳光球层中物质剧烈运动形成的,也是太阳活动的主要标志。黑子在太阳表面上的多少、大小、形态位置每天都在变化,他们的活动很有规律,大约 10 年～11 年为一个周期。

伴随着太阳黑子的强弱,会出现壮观的日珥,和强大的耀斑。日珥是在太阳边缘外面的发光气团——日冕里爆发出的一团巨浪,以每秒几百甚至上千公里的速度冲出日冕,升到几十万至上百万公里的高空,喷着火焰,形成一个或几个巨大的"耳朵"。耀斑则是在太阳日冕里面的色球上,出现局部辐射突然增加的现象。这些太阳剧烈活动的形式,被称为太阳风暴。

这些从日冕上高度电离的原子和自由电子不断向外抛出带电的粒子流就形成了太阳风。

太阳每时每刻都在不停地活动,只是有时剧烈,有时平缓一些。太阳黑子、太阳耀斑、太阳风暴等都是太阳的活动形式,几十亿年来都是这样。今天的太阳,它的一切活动都是正常的,并非异常行为。

然而伴随着新一轮太阳活动峰年的到来,近来太阳黑子活动相对频繁起来,并伴有小规模太阳风暴的发生。当"2012"成为口头禅,2013 似乎成为一个新的时间"节点",在美国宇航局发布了"2013 年超级太阳风暴可能会袭击地球"的预警后,"太阳风暴将带来世界末日"的言论不胫而走。

据说,2013 年地球可能遭遇强烈的太阳风暴,到时候全球将陷入大停电,网络电子通讯将全部瘫痪。如果噩梦成真,人类生活将发生历史性的大倒退。

太阳风暴到底多可怕

太阳耀斑是太阳色球层的光亮喷发,又叫色球爆发。它是太阳活动中最为剧烈的现象之一,位置在谱斑或光斑附近,且常在黑子群周围。通常，太阳耀斑、日珥爆发、日冕物质抛射等剧烈太阳活动被俗称为"太阳风暴"，科学家形象地称之为太阳"打喷嚏"。

NASA 太阳物理学部门主管理查德·费希尔称，太阳的磁能每 22 年会达到高峰，而太阳黑子的数量或耀斑每 11 年会达到最高值，这两种情况会在 2013 年同时发生。一旦出现超级太阳风暴，对美国而言，可能造成比卡特里娜飓风严重 20 倍的经济损失。

太阳风暴发生时会向周围空间输出三种影响：电磁辐射直接影响地球向日面的大气层和电离层，对短波通讯造成干扰；耀斑爆发喷射出的大量高能粒子，会严重危及宇宙飞行器内的宇航员和仪器的安全；日冕物质抛射，则会引起地球强烈的磁场变化，即磁暴，届时地表电网可能过热，航空运输可能中断，而电子设施、导航装置和主要的卫星可能失去功能。

历史记录中，1859 年史称"卡林顿事件"的太阳风暴就是"超级"规模的，太阳表面出现肉眼可见的白光耀斑，并且伴有剧烈的日冕物质抛射。强烈的地磁效应使得刚刚形成的电报网络陷入瘫痪，甚至出现了电报员触电、电报纸自燃的情况。

现在通过天文观测手段已经能够实现提前 3～7 天预警，但是预测中长期太阳风暴以及太阳风暴的强度等，还是个世界性的难题。到目前为止，人类对太阳黑子数量较为完整的记录积累了 23 个周期。现在大多数科学家预测第 24 个太阳活动周极大期出现在 2013 年，至于会不会出现"超强太阳风暴"，仍然无法可靠地预报；即使到了太阳周极大年，还要看相关太阳活动是不是对地球影响有效，因为每个太阳活动周期间都会发生数十次强太阳风暴，多数没有直接撞击到地球而已，超级太阳风暴更属于低概率事件。

虽然太阳风暴爆发时发生的紫外线和 X 射线强度可以达到平静时

的数十倍甚至数百倍,并抛射出大量的高能带电粒子,但地球是个完美的系统,其熔融核心、自转产生的隐形磁场,能够很好地屏蔽掉大部分高能带电粒子;而我们的地球有大约 3000 千米的大气层的保护,够吸收大部分的紫外线和 X 射线,使我们免受辐射损伤,可以将闯入的小行星等天外来客化为一颗流星,燃烧在大气层中。避免了地球像月球和其他行星一样,一次又一次地遭受小行星等的天外巨石的碰撞。大气层还能缓和白天太阳照射到地球上的热量,不致使地表温度升得太高。到了晚上,大气又能阻止地表热量向宇宙迅速散失,不致使地面的温度骤然降得很低。正是这个保护层,给地球生命制造了一个适合的生存环境。

所以,即便超级太阳风暴来袭,也并非意味着世界末日来临。普通民众对太阳风暴的恐惧,主要是灾难片所引发的臆想。

事实也证实了,如果 2012 年 12 月 21 日晚你坐等 22 日的黎明,你看到了黎明时东方天空依旧是由浅灰色变成鱼肚白,然后慢慢地布满彩霞,在东方彩霞天空下方有一点金红,突然这金红色就猛地一跳,发出了万丈金光。2012 年 12 月 22 日的天空依旧美丽,太阳依旧温暖。

太阳风暴

小行星会撞击地球吗

在网络里和社会上流传着一种玛雅日历预言："2012 年 12 月 21 日的黑夜降临以后，12 月 22 日的黎明永远不会到来，人类将在 2012 年 12 月 21 日冬至之时毁灭。"其中有一种地球生命毁灭的方式就是小行星会撞击地球。小行星碰撞地球，会给地球生命带来毁灭性的打击吗？

还是让我们先来了解什么是小行星。太阳系内小行星的确很多很多，自从 1801 年发现第一颗小行星，到 20 世纪 90 年代末，已登记在册和编了号的小行星已超过 8000 颗。它们中的绝大多数分布在火星和木星轨道之间，而这部分区域被称为小行星带。

小行星与行星一样围绕太阳运行，但是它们的个头却要小得多，大多直径只有几千米到几十千米，直径超过 100 千米的并不多见，到 20 世纪末，最大的小行星是谷神星，直径只有 770 千米，但是在 2006 年国际天文联会上将谷神星和冥王星归类为矮行星。

太阳系中，从离太阳的距离排列，由近及远依次为水星、金星、地球、火星、木星、土星、天王星、海王星。

而在火星和木星之间的小行星带里，许多小行星按照自己的轨道运行，在交叉轨道上，几个小行星磕磕碰碰是常事，偶尔会有一个被另一个削去一块。小行星带就像一个大磨坊，许多碎片被磨得越来越小，直到磨成尘埃。

还会有个别小行星被撞出自己的轨道,闯入地球大气层。这就是小行星与地球相碰了。可是因为地球有厚厚的大气层保护着,闯入者马上就会在大气层里摩擦燃烧,变成一道亮光而消失。个别没有燃烧尽的,掉到地球也只是一块陨石,不会给地球造成大的伤害,否则地球就会像月球一样布满了大大小小的陨石坑了。

当然,我们目前对宇宙天体的了解还非常有限,肯定还有许多个头较大的小行星没有被发现,如果有直径超过 100 千米的小行星的运行轨道与地球轨道相交,就有可能闯入地球大气层,如果在大气层中燃烧不尽就会撞击地球,给地球生命造成灾难。

1908 年 6 月 30 日清晨 7 时 17 分,一颗比太阳更耀眼的大火球在俄国西伯利亚通古斯爆炸,其强大的冲击波与高温大火摧毁了两千平方公里的古老森林,有科学家认为这就是一颗直径约 66 千米的未知小行星撞击地球的结果。还有 6500 万年前的恐龙的灭绝,也有一种猜想就是直径较大的小行星撞击地球所致。

因此,理论上小行星撞击地球,给地球生命造成灾难的可能性是存在的。(注意:这里说的只是理论上的可能存在。)目前,科学家已排除了已知的几百颗较大体积小行星碰撞地球的可能性。而对于未来,地球上各国必须联合一致,建立起空间警戒搜索网,努力寻找尚未发现的近地小天体及长周期彗星,测定其精确的运行轨道。如果探测到某颗小天体将与地球相撞,人类可以发射宇宙飞船将这颗小行星摧毁,就可避免碰撞事件的发生了。

小行星碰撞地球

飞出地球村

　　你也可能在梦中有过飞翔的感觉,你也许幻想过到太空去旅行,乘坐航天飞机和宇宙飞船,感受太空失重的滋味,你想吃太空食品,穿航天服,在太空行走……你想过人类的未来所居住的太空城是什么样子吗?

　　地球人类越来越多,地球村越来越显得拥挤,冲出地球,向宇宙进军,到外星球上去获取资源,是地球人的需要。

宇宙速度

　　我们向空中抛石子,无论用多大劲,抛得多高,最后石子总会落回到地面上。这是因为地球对在它上面的一切物体都有一个引力。

　　充分发挥你的想象力,如果我们用足够大的力,会不会把石子抛到月亮上去呢?事实上也正是这样,要想把宇宙飞船等航天器发射到太空,只要使飞船达到一定的速度——每秒钟飞行 7.9 千米,就可以摆脱了地球的吸收力,作环绕地球的飞行,而不会从天上掉下来了。这个每秒钟飞行 7.9 千米"逃逸地球"的速度,叫做第一宇宙速度。如果再提高飞行器速度,达到每秒钟飞行 11.2 千米——第二宇宙时,飞行器就可以摆脱地球引力,飞向太空了;当飞行器达到第三宇宙速度——每秒钟飞行 16.6 千米时,就可以飞离太阳系。

　　地球上最早的飞行之物是中国的风筝。第二个飞上天的东西是气球。1783 年,法国蒙特哥菲尔兄弟第一次把可乘人的热气球升上了天空。1903 年 12 月 17 日,美国的莱特兄弟发明了人类第一架载人飞机。1957 年 10 月 4 日,前苏联把第一颗人造地球卫星送上了太空,人类开始了宇宙的航天时代。

　　在太空中最奇妙的现象就是失重。因为失重存在,人们的一切生活方式和习惯都和地面大不一样。

　　失重的感觉是什么样子呢?我们在地面感受过吗?当我们乘坐快速

下降的电梯或快速下降的过山车的瞬间,有一种自己的重量不存在了,身体向上浮起来的感觉,这就是失重。在太空飞行的航天飞机、宇宙飞船和空间站里,就是时刻处在这种感觉中。

太空飞行中的失重是怎么产生的呢?

航天飞机在绕地球飞行时,受到两个力的作用,一个向外飞出去的力和一个地球对它的引力,但是,这两个力相等。这样航天器里的人就感觉不到自己的重量和一切物体的重量了。在这种失量环境里,人体和物体都可随意飘来飘去,可以没有固定的上下左右,你可以用脚在天花板上走路;一根小指头就可以推动原来很重的物体。失重环境中吃的食品是特制的,用于大小便的设施也是特制的。睡觉时横、竖、倒、顺或飘浮在空间都可以,但为了安全,一般都是睡在固定的睡袋里。在失重环境中生活一段时间,还会发现人的身体会长高一些。

太空并不像我们想象的那么美好。在远离地球的太空飞行中,要忍受孤独、失重、超重的煎熬和几乎与世隔绝的艰苦生活,还有可能发生的意外。所以,宇航员必须具备强壮的身体、良好的心理素质和较高的科技文化素养,而且必须经过严格的专门训练。宇航员应当是一个智勇双全的、能文能武的多面手。他们面对的是完全陌生的任务,和随时可能有意外发生。他们应该是运动员、是勇士,还要耐得住寂寞,有超常的心理承受能力和随机应变能力。

只有能驾驶、维修和管理航天器并在航天飞行过程中从事有关科研试验活动的人员,称为宇航员。

世界上第一个进入太空的宇航员是前苏联宇航员加加林(1934年——1968年)。

"长征三号乙"运载火箭在西昌卫星发射中心点火升空

太空食品

航天食品是指专供航天员在太空执行任务时和返回着陆等待救援期间食用的食品、饮水。它重量轻,体积小,营养好。

为方便航天员在太空失重条件下进食,防止食物在飞船舱内四处飘浮,航天食品一般被加工成一口大小,并且包装内没有流动的汤汁,也就是"一口吃"食品。

为减轻飞船舱内废物收集系统的负担,航天食品都不含残渣,如骨、皮、核等。

宇航员在失重的太空吃饭是很讲究的。食物不但要营养充分,还要注意食用方便,因为一不小心,食物粉末会到处乱飞,食物碎块还可能把宇航员呛死。

在太空失重状态下,宇航员可以食用一口一块的小块食品。早期,前苏联宇航员加加林在太空飞行时吃的是一种装在软管中的食品,营养很充分,吃起来也方便,可是,那种挤牙膏的吃饭方法,总有点让人倒胃口。

在"阿波罗"登月飞行中,宇航员开始使用软包装罐头食品,吃起来方便,宇航员也喜爱这种食品。目前,航天飞机上的食品多达百余种,光饮料就有 20 多种,宇航员能够吃到地球上常吃的鱼类、肉类、和蔬菜等罐头,还有各色各样的面包、点心;既有脱水食品,也有软包装食品,还有小块食品,各式各样,任宇航员挑选。

中国神舟九号宇宙飞船上的"厨房"里可储藏至少80余种食品,航天员每天能吃到不同种类的饭菜。

这些食品主要包括主食、配菜、调味品、饮料等几大类。

神九航天员一日三餐都能吃上炒米饭,分别是:什锦炒饭、咖喱炒饭、冬笋火腿炒饭。

除了主食,黑椒牛柳、雪菜肉丝这些平时我们餐桌上常见的炒菜在太空也能吃到。此外,还有酱萝卜等小菜,有荤有素还有凉菜,搭配颇为精心。

航天员在失重的环境下,有可能会出现味觉暂时退化的情况,为了避免航天员在太空中出现口味变化,此次食品包中还备有各种调味品,如叉烧酱、川味辣椒酱等。

此外,还有巧克力、菠萝汁、浓香奶茶、柠檬茶等颇受女性喜爱的餐后甜点和饮料。

专家表示,为保证航天员的体能,他们的一日三餐是经过精密设计、科学搭配的,这些食品都体积小、能量高,并保证在发射振动时也不会碎。

可是在太空吃喝是要有技巧的,和地面可大不一样。

在太空没有重力,吃喝都不是一件简单的事情,不能像在地面上那样,想怎么吃就怎么吃,只是有的吃相不太好看而已。

一般来说,宇航员须站着吃,靠鞋子上的吸盘把身体吸在地板上,如果没有特殊的坐椅,千万不能坐着吃,如果坐下来,上半身就会自然地朝后仰,吃饭很别扭。

由于在失重状态下,所以吃饭要求做到"文质彬彬",轻手轻脚,不可以撞碗、碟、匙、叉,否则,饭菜会毫不客气地从你的嘴边飞走。宇航食品一般要做成一口一块,只要有一点汤汁,就会很容易地粘留在碗、碟底部,这样宇航员在吃饭时就比较安全方便,能避免碎屑飘浮。吃饭的时候,匙叉也最好拣小的使用。因为盛饭时,匙和叉的四周和底部会粘上饭菜,变成很大一团,这样多不方便呀。

在失重的环境里,食物也不容易下咽,所以饭要细嚼慢咽,水要一小口一小口地喝。千万不能狼吞虎咽,也不能一边吃饭一边说话,否则,食物残渣和汤菜就会到处乱飞,如果被宇航员吸进肺里,可就有生命危险了。

除了吃饭,航天员每人每天大概要喝 2.2 公斤的水。中国神舟九号航天员想喝水时,会拿一个饮水器,和水箱连接,把饮水器塞到嘴里,饮水器里有个水嘴要压到舌头下面,然后靠手捏一下开关,水就被压出来。航天员每个人都有自己专用的水嘴。

太空里飘浮的食品

中国航天员在太空饮食

奇妙的太空生活

在太空睡觉可不是一件简单的事情。因为那是在失重的环境下，宇航员不能躺在床上睡觉，因为睡着后，身体会自己浮起来，在机舱里飘来飘去，多危险呀！因此宇航员一般都是在睡袋中睡觉，躺着睡、立着睡都是一样的。只是得把睡袋固定在舱壁上，不然睡袋也会飘起来。

手可以放在睡袋中，也可以伸在外面任其自由。不过前苏联宇航员们似乎不愿意让手在外面飘动，因为他们有过一次不平凡的经历，有一位宇航员半夜醒来，突然看到两只大手向自己迎面扑来，使他吓出了一身冷汗。待仔细一看，原来是自己的一双手。

欧洲宇航局最近设计出一种睡袋，在睡袋的外面有一些管道，当管道充气后，睡袋被拉紧，向人体施加一种压力，消除了那种飘飘然的自由感，使人感到好像在地球上睡觉一样舒服。

中国天宫一号提供的活动空间大约 15 立方米，再加上"神九"飞船，"天宫"生活的条件比起以往有很大改善。航天员工作和睡觉都在天宫一号里，厨房和卫生间则都在"神九"飞船的轨道舱。3 名航天员不会同时睡眠，要留一个人值班。

为了给航天员营造健康、舒适的睡眠环境，天宫一号设了两个专用睡眠区，里面有独立的照明系统，航天员可自主调节光线。采用冷光源的白光灯由一组灯束组成，发出的光均匀不刺眼。

睡眠区里没有床，只有长方形睡袋，除此之外在舱壁上还贴有一个非常居家的挂带，可供航天员存放细软小物品。睡眠区正中间的黑色可折叠小桌板用来摆放书籍和电脑。此外，这个类似于火车卧铺的休息区可拉上厚实的军绿色链子，以隔绝大部分噪音。

睡袋其实也可以算是航天服的一种。"神九"航天员的睡袋外面是浅蓝，内里是白色，像一个纯棉的封闭式"被桶"，航天员钻进去以后，手可以伸出来，身体舒展开来。睡袋内部有风，头部有防护，还有耳罩防止整个舱内风机噪声。睡觉时，睡袋有一个挂带和舱壁上的挂钩连接，防止睡觉时翻滚导致脑袋撞到架子上。

那么在太空怎样保持个人卫生？

因为在太空水是飘浮的，很难控制，所以，前苏联宇航员是用湿毛刷牙，在手指头上缠上一段湿毛巾，沾点清洁剂，伸进嘴里，反复摩擦牙齿。美国宇航员嚼特制的口香糖以代替刷牙，感觉也很好。

洗脸的方法则是用一块浸泡着护肤液的湿毛巾来擦脸，或者用浸过泣肤液的卫生巾来洗脸。

梳头用的是一块卫生巾铺在特制的电动梳头器上，用以梳理头发，经过梳理的头发很干净，头皮屑都沾在了卫生巾上，而且头部得到了按摩，宇航员会感到特别舒服。

剃胡须在地面上是轻而易举的事情，而在失重的太空就需要特制的剃须刀。他们的电动剃须刀上带有专门用来吸胡须渣的匣子，以免刮脸的胡须楂子在舱内到处飘浮。

在太空上厕所和地面可不一样，必须用固定带把自己固定在坐便器上。大、小便不是自己落进厕所，而是靠分别收集大小便的容器内的气流吸进去。而且，男女航天员上厕所使用的接口是不一样。

在太空怎么洗澡呢?

航天员在太空擦澡时,要把一个大的水球放在自己的头上,弄破水球让水流下来,然后擦肥皂,再用一个水球洗干净。按照一般的国际惯例,在太空用水的分配上会特别照顾女航天员,水量会多一些,并且允许女航天员带一些无毒无污染的化妆品。

在失重状态下,女航天员梳头最简单,只要梳好一种发型,它就会永远保持不变,丝毫不乱。由于头发的生长速度快,太空站上航天员理发,另一人要拿着吸尘器吸走剪下的头发。女航天员要保住长发只能用发卡、带子把它束住。

宇宙浴室最关键的特殊措施是控制水不飘浮,而要让它按照人的愿望"淋"到身上。因此,水的控制需要有加压和抽吸的外力。当然,还不能忘记节约用水,因为每一滴水都是从地球上带上去的,都是十分珍贵的,而且都要回收处理后再使用。

宇航员洗澡时,首先把通到浴室外的呼吸管套在嘴上,用夹子把鼻孔夹住,避免从鼻子和嘴吸进污水。按开动了电加热器,把水箱中的水加热到适当的温度,然后打开喷头,温水即从喷头淋到身上。污水被地板上的许多小孔吸入废水箱内,进入循环水处理系统。

当淋浴完毕,走出浴室,由于太空中空气十分干燥,湿润的身体会快速蒸发掉剩余的水分,会使身体无法控制地颤抖一分钟。

不过,在未来的空间站上洗澡就简单多了。人们进入浴室,只需要按一下开关,水就会自然地附在身上,如果稍稍多用了一点水,就会产生很多大大小小的闪闪发光的水珠,像星星一样绕着身体不停地旋转。在身上浸透了清洁液后,按下开关,就有一股气流把清水淋向全身,大约 5 秒钟后,向上的气流把身体吹干。

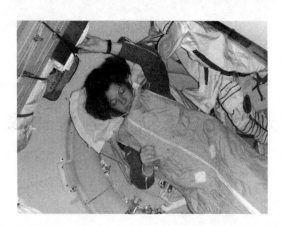

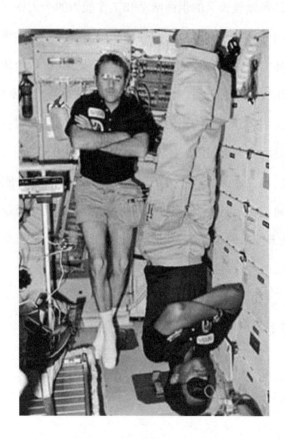

航天服——宇航员的特殊衣服

航天服

航天服是保障航天员的生命活动和工作能力的个人密闭装备。航天服可防护空间的真空、高低温、太阳辐射和微流星等环境因素对人体的危害。在真空环境中，人体血液中含有的氮气会变成气体，使体积膨胀。如果人不穿加压气密的航天服，就会因体内外的压差悬殊而发生生命危险。

航天服按功能分为舱内用应急航天服和舱外用航天服。舱内航天服用于飞船座舱发生泄漏，压力突然降低时，航天员及时穿上它，接通舱内与之配套的供氧、供气系统，服装内就会立即充压供气，并能提供一定的温度保障和通信功能，让航天员在飞船发生故障时能安全返回。飞船轨道飞行时，航天员一般不穿航天服。穿上舱外航天服，航天员可以出舱活动或登月考察。

舱外航天服由多少部件组成?

（请参考下图）

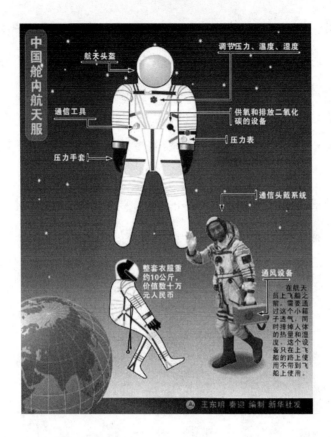

航天服的结构

航天过程中保护宇航员生命安全的个人防护救生装备,又称宇宙服或航天服。宇航服能构成适于宇航员生活的人体小气候。它在结构上分为6层。

1. 内衣舒适层选用质地柔软、吸湿性和透气性良好的棉针织品制做。

2. 保暖层选用保暖性好、热阻大、柔软、重量轻的材料,如合成纤维絮片、羊毛和丝绵等。

3. 通风服和水冷服(液冷服)多采用抗压、耐用、柔软的塑料管制成,如聚氯乙烯管或尼龙膜等。

4.气密限制层选用强度高、伸长率低的织物,一般用涤纶织物制成。由于加压后活动困难,各关节部位采用各种结构形式:如网状织物形式、波纹管式、桔瓣式等,配合气密轴承转动结构以改善其活动性。

5.隔热层:宇航员在舱外活动时,隔热层起过热或过冷保护作用。它用多层镀铝的聚酰亚胺薄膜或聚酯薄膜并在各层之间夹以无纺织布制成。

6.外罩防护层:是宇航服最外的一层,要求防火、防热辐射和防宇宙空间各种因素(微流星、宇宙线等)对人体的危害。这一层大部分用镀铝织物制成。

7.与宇航服配套的还有头盔、手套、靴子等。

中国"神舟7号"舱外航天服全套重120千克,一套航天飞机舱外航天服价值3000万人民币。

美国的航天飞机用的航天服是根据人体的造型把航天服分成几部分,分别被规格化为"特大"到"特小"几种尺寸,然后成批生产,加工成现成的服装。航天员只要从中选择合身的各部分,重新加以组合就可得到一套满意的航天服了。使用后,也不像过去那样送进博物馆,而是把航天服再分解,各部分清洁后再次使用,计划使用寿命是 15 年以上。

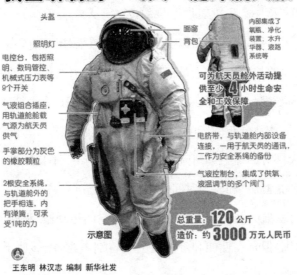

我国研制的"飞天"舱外航天服

头盔

照明灯

电控台,包括照明、数码管控、机械式压力表等9个开关

气液组合插座,用轨道舱舱载气源为航天员供气

手掌部分为灰色的橡胶颗粒

2根安全系绳,与轨道舱外的把手相连,内有弹簧,可承受1吨的力

面窗
背包

内部集成了氧瓶、净化装置、水升华器、液路系统等

可为航天员舱外活动提供至少4小时生命安全和工效保障

电脐带,与轨道舱内部设备连接,一用于航天员的通讯,二作为安全系绳的备份

气液控制台,集成了供氧、液温调节的多个阀门

总重量:120公斤
造价:约3000万元人民币

示意图

王东明 林汉志 编制 新华社发

在此之前,航天服是定做的,不仅开发和制作上耗费巨资和时间,而且一件航天服只能用一次。

中国 3 名"神九"航天员,平时在舱内穿的还是和以往任务一样的内衣、蓝色普通常服,常服有点像工作服,但是衣服上有很多口袋,可以用来装不少工具,衣服的材料是阻燃的。以往发射上升和返回地球时会穿上舱内航天服,这次在交会对接阶段也将穿上,是为了压力应急用。"神九"没有出舱活动任务,不会穿舱外航天服。

航天员系统副总设计师、中国航天员科研训练中心研究员李潭秋说,航天服一般就是指航天员在空间的个人防护装备。这次任务特殊之处在于,航天员在空间实验室驻留的时间相比以往要长,这也是通向空间站之路的里程碑,所以航天服就要考虑在中长期飞行中受太空微重力或者说失重的影响。"神九"任务中,航天员穿新提供的白色"企鹅服"、咖啡色套袋进行锻炼,以防止肌肉萎缩,对抗太空微重力的影响。

"企鹅服"是一个失重对抗防护的设备。人在失重状态下长期生活,由于没有重力作用,人体的肌肉会萎缩。"企鹅服"里面有很多弹性袋,像地面上做运动的拉力器,航天员穿上后通过弹性力的作用,使肌肉得到紧张,避免肌肉萎缩。套袋用在航天员大腿部,它的作用是通过加压,防止微重力对人体体液分布的影响,比如导致大脑血液过少。否则因为没有重力作用,大部分的体液会回流到腿部,对人体产生不良影响。"神九"航天员每天穿"企鹅服"和套袋时间为 1—2 小时。

李潭秋说,航天员在天上锻炼时穿的是空间运动服,和地面的运动服没有什么差别,但是在性能和舒适度上会特别考虑,能够速干,让航天员有干爽的感觉。

女航天员首次参与"神九"任务,航天服做了一些特别改进。李潭秋说,最大的不同就是应急救生航天服也就是舱内航天服的改进。重达 10 公斤多的舱内航天服有个重要的功能,就是航天员穿着能够活动操作。如果用原来的航天服,女航天员就无法操作,因此进行了针对性的改进。

改进主要是两个方面:上肢的操作性能,以及手套的操作要能够非常灵活,不至于脱指。航天员手套都是根据航天员手模来定,女性手型都比较纤细,和男航天员不一样。新的女航天员的手套,综合了两个女航天员手型来定制。航天员在太空驻留期间不用穿鞋,但是袜子上加了一些橡胶,类似鞋子的感觉,这样航天员把脚束缚在某个位置,感觉会好一点。

穿戴航天服的步骤

航天员穿戴舱外航天服有一套严格的步骤和顺序,而且不同型号的航天服穿脱的顺序也不一样。我们这里以美国航天飞机舱外航天服为例进行介绍。

1. 穿强力吸尿裤。穿液冷通风服。带上生物电子联结装置。在这种装置上有测量航天员心率的传感器和与外界进行通话联络的电子设备。

2. 在头盔面窗里面涂上防雾霜，在服装左侧袖子的手腕处装上一块小的反光镜，在服装上身前胸部位装上一个小食品袋和一个饮水袋，在头盔上装上照明灯和电视摄像头，最后是将通讯帽与生物电子联结装置联结在一起。这时穿服装前的准备工作完成。

3. 穿服装的下半身。下半身服装的腰部有一个大的带轴承的关节，为航天员弯腰和转身提供方便。

4. 穿服装的上半身。服装上下身穿好以后，将密封环连接在一起，然后将各种供应管线与服装相连。

5. 戴上通讯帽、头盔和手套。一旦戴上头盔和手套以后，航天员就不能呼吸气闸舱内的空气，而是通过脐带呼吸从航天飞机轨道器提供的氧气。

6. 向服装加压，并由航天员对服装进行测试，目的是保证服装不漏气，而且内部压力稳定。测试的重点是气体流量、冷却水和电池的功率。

7. 开始呼吸纯氧，进行吸氧排氮。即将体内的氮气排除，目的是预防减压病。

8. 关闭气闸舱的内舱门，气闸舱进行减压。当气闸舱内的压力降低到零时，打开气闸舱的外舱门，同时航天员应将服装与气闸舱的所有联结断开，将安全带的挂钩勾在舱外的固定杆上，这时航天员即可出舱进行太空行走。

太空行走

飘浮的太空行走

在地球上走路，当你们一岁多的时候都学会了。可是要在太空中走路就不简单了。想想吧，那儿没有空气，没有引力，没有重量，没有上下，人稍微一用劲就会飘浮很远，也许会飘入遥远的太空，永远回不来了。因此，人要想在太空行走，首先得穿上航天服，还得借助特殊的机器才能行走。

当宇航员从宇宙飞船或航天飞机下来，进入太空的时候，他们除了身穿特制的宇宙服外，还要背上机动飞行器。

飞行器四周有很多氮气喷口，宇航员可以根据需要，通过操纵控制高压氮气的喷出，来提供动力。高压氮气从不同方向的喷口喷出，就能使宇航员上下、左右、前后各个方向行走了，还可以原地转圈圈。有了它宇航员就可以在太空中自由行走了。

宇航员干嘛要走出飞船或航天飞机，到太空行走呢？这可不是为了好玩。因为有时候在太空飞行的卫星需要维修或者收回；有时候宇宙飞船或航天飞机本身出了一点小毛病，需要修理；当然，还有一项更重要的任务就是组建宇宙空间站，建设宇宙城等等。这许多许多的事情，都需要机器人和宇航员直接动手操作。因此，在太空行走是宇航员很重要的一项活动。

　　如:1998 年 12 月 4 日至 16 日,美国"奋进"号航天飞机升空,承担国际空间站第一部分组建任务。12 月 7 日美国两名宇航员走出机舱,在离地球 320 多公里的轨道上开始组建空间站,他们在太空中一口气工作了6 个小时。这次历时 12 天的飞行中,有 5 名美国宇航员和 1 名俄罗斯宇航员实现了 3 次太空行走,完成了"曙光舱"和"团结舱"的对接,也为他们安装了天线等设备。

　　第一位在太空行走的宇航员是苏联的列昂诺夫。1965 年 3 月 18 日清晨,列昂诺夫身上拴着一条 5 米长的保护绳,第一次把人类的双脚踏入了太空。他像蛙人一样在太空中飘飘浮浮地行走了 10 分钟,成千上万的电视观众在屏幕前看到了这扣人心弦的场面。

　　2008 年 9 月 25 日至 27 日中国神舟七号航天员翟志刚迈出轨道舱,出舱活动:第 27 圈,两名航天员进入轨道舱,关闭返回舱舱门。第 28 圈,两名航天员互相协助穿好航天服,充分吸氧,排空氮气。先将轨道舱泄压,与飞船外真空状态一致,航天员合作打开舱门。翟志刚借助舱外活动扶手等沿轨道舱外壁移动,到达后返回。航天员放飞一颗小卫星,用立体相机近距离为神七拍照。还进行拧螺钉、设备安装等操作。航天员回到轨道舱后,关闭舱门。航天员进行舱外航天服漏检,检漏合格后,轨道舱开始复压。第 30 圈,航天员脱掉舱外航天服。

　　太空行走当然不是为了好玩,而是为了工作。在太空作业和地面上是大不一样的,有时还充满惊险。因为当你用普通工具拧一个小小螺帽时,也许螺帽不动,人却旋转起来。当你用锤子敲打一个物体,猛一使劲,作用力就会把自己弹向远处,如果是在舱外作业,那不就很惊险吗?

　　所以在太空作业,一定要用特殊的太空工具,而且还要遵循特殊的操作规程。如太空工具必须用绳子系起来,不可随处乱放,否则一旦失手,工具就会飘走。锯末、刨屑之类的东西绝不能让它自由飘散，必须用专门工具收集起来。要不然这些东西，在舱外就会成为太空垃圾，长期积累下去，会给各类航天器运行构成威胁。在舱外工作时，绝对不能让锐利的东西挂破航天服。因为航天服一坏，宇航员生命保障系统就失灵，宇航员可就会有生命危险。

为什么要进行太空行走

航天员为什么要进行太空行走？不同历史时期其目的不一样的。当1965 年 3 月苏联航天员列昂诺夫第一次由上升 2 号飞船飞出舱外时，其目的有两个：一是在载人航天活动中进行一次技术性的突破，二是使苏联在航天技术方面走到了美国前边，在全世界产生重大影响。美国也不甘示弱，同年 6 月，美国人怀特在乘双子星座 4 号飞船飞行时也飞出舱外。从此，出舱活动的技术就为两家所共有，在这时人们才谈到太空行走的实用意义。

从多次出舱和登月过程中的月面活动看来，太空行走的作用和意义是巨大的。其近期的意义与作用是完成太空作业。例如，修复载人航天器或其他航天器上的受损部件。美国人曾通过太空行走修复了"天空实验室"、"太阳峰年卫星"和"哈勃"空间望远镜。组建空间站。苏联航天员则通过太空行走修复过礼炮号空间站和组装、维修和平号空间站。当前正在建造的国际空间站，更是需要航天员进行多次出舱活动，才能在轨组装建成。登月活动更是体现了航天员在太空行走和太空作业的巨大作用，为人类进入外层空间和其他星球打下了良好的基础。

太空行走的模拟训练

在太空迈开步子并非易事。微重力的环境让身体变得难以控制，空间知觉也会发生紊乱。如果未做好准备就贸然登空，宇航员会出现严重的空间运动病。所以在太空行走之前要进行大量模拟真实场景的训练。

太空行走的基础训练主要包括以下内容：

（1）在失重环境中如何稳定自己的身体，避免随意运转，并学习如何将身体保持在一个特定的位置和角度；

（2）在失重环境中如何利用系留绳索来给身体定向；

（3）在失重环境中如何将身体移向特定的目标与方向；

（4）在失重环境中运动时，如何利用周围的物体和掌握用力技巧来节省体力消耗；

（5）防止身体失控的各种技巧和方法。

中国航天神舟号

神九飞船飞向太空

2003年10月15日9时整,是一个特别让中国人高兴的日子,神舟五号载人飞船发射成功,飞船载着杨利伟在太空遨游,地球人都在电视里看到了杨利伟伸出两个手指,做了一个胜利的手势。这一刻,中国人太喜欢、太佩服杨利伟了。神舟五号在太空绕地球14圈以后,于16日6点23分在内蒙古阿木古郎草原安全着陆。大家看到杨利伟精神地自己走出返回舱。

这次航天飞行任务的顺利完成,标志着中国突破和掌握了载人航天的基本技术,完成和实现了中国载人航天工程第一步的计划和目标,使中国成为世界上第三个能够独立开展载人活动的国家。

时间不到九年,2012年6月16日18时37分随着长征二号F遥九火箭直飞太空,神舟九号三位中国航天员开始了太空之旅。中国航天员景海鹏、刘旺、刘洋将第一次入住"天宫"。33岁的刘洋也成为中国第一个飞向太空的女性。

将神九飞船送入太空,这是长征火箭的第165次发射,也是神舟飞船的第四次载人飞行。此刻,天宫一号正在距飞船约1万公里的太空中等待神九前来"赴约"。未来两天内,神舟九号飞船将与天宫一号自动对接。二者携手在太空飞行6天之后又将短暂分开,再进行由航天员手动控制的交会对接。

中国航天神舟号的研制从 1992 年起步，1999 年发射第一艘神舟飞船，短短 20 年间，中国载人航天工程先后突破载人航天飞行、多人多天飞行、航天员太空行走——今天，又开始了有人控制空间交会对接的全新探索。

中国航天神舟号的发展轨迹

记住了这个激动人心的时刻，让我们一起来回顾中国航天神舟号的发展轨迹。

神舟一号，中国的第一艘无人试验飞船，发射时间：1999 年 11 月 20 日。

亮点：考核了飞船 5 项重要技术：舱段连接和分离、调姿和制动、升力控制、防热和回收着陆。

神舟二号，中国第一艘正样无人飞船，发射时间：2001 年 1 月 10 日。

亮点：中国第一艘正样飞船，它的各项技术状态和载人飞船基本一致，发射完全是按照载人飞船的环境和条件进行的。

神舟三号，首次装载了模拟人，发射时间：2002 年 3 月 25 日。

亮点：搭载了一个特殊乘客"模拟人"，这套拟人载荷系统可以模拟航天员在太空生活时的多种重要生理参数。还完善了回收过程安全着陆技术。

神舟四号，达到可以载人的程度，发射时间：2002 年 12 月 30 日。

亮点：神舟飞船在无人状态下最全面的一次飞行试验，还经受了零下 29 摄氏度低温的考验后成功发射，突破了中国低温发射的历史纪录。

神舟五号，中国第一艘载人飞船，发射时间：2003 年 10 月 15 日。中国第一位进入太空的航天员杨利伟乘神舟五号在太空绕地球 14 圈。

亮点：首位中国航天员进入太空。中国成为继美、俄之后，世界上第三个能够独立开展载人航天活动的国家。

神舟六号，中国第二艘载人飞船，发射时间：2005 年 10 月 12 日。

航天员费俊龙和聂海胜，乘飞船绕地球 76 圈。聂海胜 10 月 13 日在太空庆祝他的 41 岁生日。

亮点：中国第二次载人航天飞行，也是中国第一次将两名航天员同时送上太空。以神舟六号任务的完成为标志，中国已经跨入了载人航天工程第二步计划。

神舟七号，中国航天员首次出舱活动，发射时间：2008 年 9 月 25 日。

航天员翟志刚、刘伯明、景海鹏在神舟七号飞船共计飞行 2 天 20 小时 27 分钟。船进入轨道运行，环绕地球超过五圈之后翟志刚在刘伯明与景海鹏的相互帮助下，打开舱门，开始出舱活动，翟志刚首先探出头，并向舱外默认的闭路镜头挥手，之后全身走出舱外。刘伯明也把头探出机舱外，交给翟志刚一面小型的五星红旗。翟志刚接过五星红旗，向镜头挥动片刻。随后翟志刚取回舱外装载的固体润滑实验试验样品。

翟志刚出舱活动挥动五星红旗

亮点:翟志刚进入太空。中国成为继美、俄之后世界上第三个实现太空行走的国家。

天宫一号,安装对接口的太空实验舱,发射时间:2011 年 9 月 29 日。

亮点:与中国此前发射的航天器不同,天宫一号不再是一叶孤舟,它安装了几个对接口,入轨后等待神舟系列飞船对接,最终组装成一个能容纳三名宇航员工作和生活的空间站雏形。

神舟八号,与天宫一号首次交会对接。发射时间:2011 年 11 月 1 日。

亮点:中国首次空间交会对接试验,也是中国载人航天工程"三步走"战略中第二步,突破交会对接技术的关键。为中国 2020 年左右建立空间站奠定重要的技术基础。

神舟九号,中国首次载有女航天员的飞船。发射时间:2012 年 6 月 16 日。

航天员是由第二次执行飞天任务的男航行员景海鹏、男航天员刘旺和女航天员刘洋组成飞行乘组,执行这次载人交会对接任务。

亮点:刘洋成为中国第一个飞向太空的女性。中国航天员首次拜访在轨运行的飞行器,并进入其中工作、生活。航天员将首次在太空操纵飞船,并进行手控交会对接,这将完整验证包括自动和人控在内的交会对接技术。"神九"和天宫一号交会对接后构成组合体,航天员将在组合体生活工作 10 天左右,整个太空飞行也将持续 13 天,都是历史上最长的。随着载人交会对接的成功,中国将完全掌握载人航天三大关键性基础技术。

中国下一步将发射神舟十号飞船,再与天宫一号交会对接。中国计划 2020 年将建成自己的太空家园——中国空间站。

"神舟九号"已经完成与"天宫一号"的对接任务并分离

载人飞船是如何返回地面的

2012年6月29号上午,神舟九号飞船在太空完成与"天宫一号"对接任务后,携带3名宇航员安全返回地面。这是迄今为止中国已经进行的第4次成功的载人航天活动,但是飞船具体是怎样从数百千米高空安全返回地面的,你想了解吗?

"神舟九号"飞船分离后制动减速进入返回轨道

在与"天宫一号"对接后,"神舟九号"飞船跟随太空站升到距地面350千米的轨道上,其运行速度大约为7.692公里每秒。飞船宇航员收到地面指挥中心决定返航的指令后,首先启动分离步骤,将"神州九号"飞船与"天宫一号"分离,成为独立的飞行器。此时,神舟9号仍然在"天宫一号"的轨道上,速度不变。之后航天员需要调整飞船的飞行参数,并启动与飞船飞行方向相反的制动火箭,来减低飞船的飞行速度。飞船速度下降后,其飞行的惯性离心力下降,就逐渐被地球引力向地面拉,飞船就会脱离原来的飞行轨道,进入自由滑行阶段,逐渐过渡到进入大气的轨道。当高度降至距离地面140公里处时,推进舱和返回舱分离,推进舱在穿越大气层时烧毁,返回舱继续下降。

进入大气层的"再入角"至关重要

自由滑行阶段虽然无动力,但并非无速度。飞船的减速过程和进入大气层的轨道是经过精确计算的,其主要技术要求是在特定高度获得合适的"再入角"进入大气层。这个飞船返回地面的"再入角",也就是进入大气层时的飞行方向与当地水平面的夹角,是飞船能否安全返回地面的关键。一般情况下这个夹角不能超过 3°。再入角过大,飞船进入大气层的速度过快,会产生飞船自身无法承受的热量而被烧毁,像流星一样坠落地面;再入角过小,飞船又会被"弹回"宇宙空间回不了地面,并且由于飞船自带燃料往往很少,会因为无法完成下一次再入轨道调整而就此飞向太空。1965 年,首次实现太空行走的苏联宇宙员列昂诺夫乘坐的"上升 2 号"飞船在返航时,就因险些错过最佳的再入角,而使宇航员们惊出一身冷汗,幸亏及时调整到位,才避免了可怕的后果。

第一次成功载人上天的苏联"东方号"宇宙飞船,其返回舱呈球型,在再入大气层时会一边自由落体一边滚转。宇航员也因离心力作用被甩向舱壁。首位宇航员加加林后来回忆这种旋转:"我是一个完整的芭蕾舞团——头,然后是脚快速旋转。每样东西都在转。"

再入大气层阶段是飞船返回的关键阶段

航天器进入大气层的方式分为弹道式、弹道—升力式和滑翔式。早期的飞船多采用弹道式返回的航天器,像炮弹一样,沿着一条很陡峭的路径返回,不能进行落点控制,过载(也就是超重)比较大(可达 8g~9g),接近人体所能承受的极限。弹道—升力式返回的航天器一般都采用钟形结构,在穿越大气层时产生一定的升力,因而能够对其飞行轨迹进行一定控制,落点准确度比较高,过载也较小(不大于 4g)。美国的"阿波罗"号系列飞船、俄罗斯的"联盟"号系列飞船和中国包括本次"神舟九号"在内的"神舟"号系列飞船采用的都是这种返回着陆方式。此外,航天飞机采用滑翔式返回,因此回归大气层的压力不会超过 1.5g,几名航天员甚至曾在大部分的降落过程中保持站立姿势,以展示这种优异的性能。

飞船表面的吸热和隔热层保护飞船和航天员的安全

进入大气层时,飞船仍有数千米每秒的速度与大气层摩擦,形成高温。中国的"神舟"系列飞船和俄罗斯的"联盟"系列飞船都是使用一次就不再使用的,因此采用的是烧蚀防热的方法,就是在飞船外使用一种瞬间耐高温材料,一般是高分子材料,在高温加热时,表面部分材料会熔化、蒸发、升华或分解汽化。在这些过程中将吸收一定的热量,这种现象叫烧蚀。烧蚀防热是有意识地让表面部分材料烧掉,将热量带走,从而达到保存主要结构的目的。这些隔热材料在燃烧完毕之后,剩下的是碳化层,飞船底部一团漆黑可以证明保护层牺牲自己,换来了飞船的安全。不过,就返回舱内部而言,由于有防热设计,多个防热层可以保证航天员在里面有一个比较舒适的温度,即使舱壁上是最高温度的时候,舱内的温度也仅在30 摄氏度左右。

再入大气层阶段会形成"黑障",是返回的最危险阶段

飞船表面达到很高的温度时,气体和被烧蚀的防热材料均发生电离,形成一个等离子区。它像一个套鞘似地包裹着返回舱。于是,在飞行器的周围形成一层高温电离质,因为等离子体能吸收和反射电波,会使返回舱与外界的无线电通信衰减,对飞船内部造成了电磁屏蔽。此时,地面与飞船之间的无线电通信便中断了,这被称为"黑障"。由于通信不可能,在这一阶段,地面也不能通过任何遥控方式对飞船进行控制,所有的操控都必须通过宇航员自己完成。由于高空、高温、高速、高重力加速度和无法通信,这一阶段就是返回大气层的关键阶段,也是事故易发阶段。

1971 年 6 月 30 日,前苏联"联盟 11"号宇宙飞船返回舱再入大气层,因分离时返回舱的压力阀门被震开导致密封性能被破坏,返回舱内的空气从该处泄漏,三名宇航员死亡。事后,苏联对"联盟"系列飞船做了改动,将乘员从 3 人减为 2 人,并增加了 1 套生命保障设备,规定在上升、返回段必须穿上航天服。不过这样的防护方式也未必有效。2003 年,美国哥伦比亚号航天飞机即将返回地面前 16 分钟在得克萨斯州上空爆炸解体,共 7 名航天员全部遇难。美国国家航空和航天局的调查报告认为,宇航员即便有时间穿上防护衣物,在飞机失压后给自己增压,也只能多活一段时间,依旧不可能生还。

着陆阶段,有多种缓冲手段保证飞船低速着陆,旨在保护航天员的安全

在距地面 40 公里左右高度时,飞船就已基本脱离"黑障区"。到大约在距地 10 千米左右的高空时,飞船的速度已降到每秒 330 米以下,相当于"音速"。此时,返回舱上的静压高度控制器通过测量大气压力判定高度,自动打开伞舱盖,首先带出引导伞,引导伞再拉出减速伞。此时返回舱速度大约为 180 米/秒左右,航天员将会受到很大的开伞冲击力。通过减速伞的作用,返回舱的速度下降到 80 米/秒左右。减速伞工作 16 秒钟后,与返回舱分离,同时拉出主伞。这时返回舱的下降速度逐渐由 80 米/秒减到 40 米/秒,然后再减至 8 米～10 米/秒。

然而,飞船即使是以 8 米/秒的速度着陆,所受的冲击力可能将航天员的脊柱震断。这时,在飞船即将着陆的一瞬间——飞船距离地面大约 1 米时,安装在返回舱底部的 4 台反推火箭点火工作,使返回舱速度一下子降到 2 米/秒以内。与此同时,具有缓冲功能的航天员坐椅在着陆前开始自动提升,从而使冲击的能量被缓冲吸收。为了最大限度地吸收冲击的能量,航天员坐椅上还铺设了一套根据航天员身材量体定制的赋形缓冲坐垫。

救援人员需要马上接应宇航员出舱和适应重力环境

飞船着陆后,救援人员要立即接应宇航员。返回舱正常着陆后,如果航天员身体状况良好,那么航天员应首先自行断开胸前的压力调节器,打开面窗,摘下手套,并断开航天服与返回舱内坐椅边连接的各种管线(通风供氧、通话、生理信号),然后由舱口攀爬出舱。当然,救援人员应在出舱平台上协助航天员出舱。在本次载人航天的计划中,考虑到神舟九号任务飞行 13 天,航天员太空工作量大,比较疲劳,比前几次载人航天飞行任务要重,所以与前 3 次航天员自主出舱不同,"神九"航天员将在工作人员协助下出舱,并且出舱后所有活动将全部采取半卧或座位,以确保航天员安全。

在太空飞行的宇航员,因长时间处于失重环境,一下子很难适应地面环境,非常需要帮助。在地球上,人时刻受到重力的影响,人的每个动作中肌肉都会习惯性地克服重力用力。在太空期间,人不受重力影响,脊椎也会伸长,人的身高也会比在地面高。当航天员落到地面以后,首次获得重力,需要重新适应。这时航天员会感觉到自己的胳膊、腿非常沉,有点类似于从泳池中出来,但比这更严重,可能会面临平衡失调、心血管功能紊乱、肌肉萎缩等方面的问题,要经过一段时间才可能适应,所以叫"重力再适应"。

杨利伟在太空

费俊龙、聂海胜准备起征

舍生取义的伽利略飞船

报纸上有一则引人注目的消息："伽利略"木星探测器就要"自杀"了，不久，它壮烈地向庞大的木星撞去，葬身在异星他乡。

为什么会这样呢？

木星是一颗美丽而神秘的星球，为了研究她，美国于 1989 年 10 月 18 日，由"亚特兰蒂斯"航天飞机在太空发射了"伽利略"号宇宙飞船。1991 年 10 月 29 日和 1993 年 8 月，它先后两次分别邂逅小行星（951）加斯普和（243）艾达，与二者最近时仅 1600 千米和 2400 千米，这是人类首次与小行星如此接近，所以得到的资料也是十分惊人的。它证实了艾达确有小卫星相随，这是一个人们长期争论不休的疑难问题。

1994 年 7 月"彗星列车"向木星狠命撞去时，"伽利略"飞船又临时接受了报道木星的使命。当时它离木星距离比地球离木星近了 3 倍多，由它来观察这次碰撞，肯定比在地球上看得清楚多了。可是，由于"伽利略"在穿越小行星带时遭遇小行星的无情碰撞，主天线无法打开，它能完成好这次任务吗？事实是"伽利略"不负众望，抢拍了不少绝好的镜头传回地球，为研究这一罕见的天文现象立下了不朽的功绩。

1995 年 7 月，"伽利略"在离木星几千万千米时，即向木星发出了木星大气探测器，这也是人类第一个进入木星大气的探测器，得到了许多令人意外的信息，以至于英国天文学家惊呼"要重新考虑木星的结构问题。"

按照预定的程序，"伽利略"于1995年12月7日准时进入绕木星的轨道，此时离木星约160万千米，以后它逐步逼近，并绕木星飞行2.5年，它离木星最近时，与大气层顶仅260千米，并且有15次靠近木星的四颗大卫星。

正是这些难得的良机，使人们对于那几个木卫有了全新的认识：木卫一上隆隆喷发的火山的分布，地貌的迅速变化状况；木卫二上的厚厚冰山之下，有一遍真正的咸水组成的大海，而且众多迹象显示，在那个神秘的汪洋大海中，极有可能存在着一些特殊的初级生命，甚至西方还有少数人宣称，他们已经"见"到了可能表示高级生命的蛛丝马迹……

"伽利略"为地球人类辛勤工作了十来年，日渐超过了它的大寿期限，再加上由于主天线受损，再也无法打开，使它信息储备能力大大受影响，原先能发回5万幅比较清晰的资料，而且传播的速度也只有原先的万分之一而已。科学家们开始考虑它的"后事"，据美国航空航天局的官员透露，待它在2000年底与刚赶到那儿的"卡西尼"飞船会师，联合对木星做了观测后，"卡西尼"继续向土星疾驰而去，而"伽利略"则于2002年"自杀"——壮烈地向庞大的木星撞去。

"伽利略"为什么要主动撞向木星而自杀？

"伽利略"所以要这样舍生取义，完全是为了保证木卫二的安全。既然有许多科学家都认为木卫二可能会有生命存在，那么，它对今后人们研究生命的起源和演化将有不可估量的意义。"伽利略"如果落进木卫二的海洋内，就难免会对这目前人类所知的、唯一的"太空生物圈"，造成难以估计的破坏，这是人们最不愿意见到的事。为了防止这"万一"出现的可能，"伽利略"只有选择勇敢地向木星冲去，葬身于木星的怀抱。

"伽利略"木星探测器

太空交通事故

　　美国东部时间 2009 年 2 月 10 日上午 11 时 55 分,地球上的人们依旧像往常一样进行着正常作息,可是在地球大气层外的太空轨道上,却发生了一场震惊世界的太空交通事故。美国铱卫星公司的"铱 33"通用卫星和俄罗斯的"宇宙 2251"军用卫星在西伯利亚上空发生相撞,这是历史上首次卫星相撞事故。

　　这次撞击发生在近地轨道范围。什么是近地轨道呢？近地轨道又称低地轨道,一般高度距地面 2000 公里以下的近圆形轨道都可称近地轨道。通常这一轨道中气象卫星、通信卫星等较为密集。例如中国 2008 年发射的"神舟七号"飞船、以及计划发射的"天宫一号"空间实验室都位于较低的轨道。可见,近地轨道是人类太空开发和利用的主要目标,在近地轨道上发生的这样一场交通事故无疑给世界各国都敲响警钟,更将"太空垃圾"的问题提到桌面上。

"太空垃圾"知多少？

　　美国战略司令部现阶段发现和跟踪的人造太空物体为 1.8 万件,包括现役和报废卫星、火箭助推器残骸和直径 10 厘米以上的太空碎片。此次美俄两个卫星相撞遗留漂浮的碎片残骸,需要几个月才固定位置,不过在 12 号双方航天局便已经监测到了卫星相撞后产生的数十个较大碎片。这些碎片已分成了两团碎片云,可能分布在高度从 500 公里到 1300 公里的太空。然而他们暂不能了解本次卫星相撞到底会产生多少碎片,因为一些碎片可能只有厘米甚至微米大小,一时难以监测到。不过,不要小看这些微米级的太空垃圾。由于碎片与航天器之间的相对速度很大,一般为每秒几千米至几万米,因此,两者即使是轻微碰撞,也会造成航天器的重大损坏。举个例子说,一块仅有药片大小的残骸就能将人造卫星撞成"残废"。

太空垃圾也曾相撞

2005 年 1 月 17 日,距离地球表面 885 千米的近地轨道,黑暗中闪出一团巨大的红色火球,随后大小不一的碎片伴随着巨大的冲击波进向四方。美国宇航局太空监视网络系统准确地捕捉到了这令人震惊的一幕———美国 31 年前滞留在太空的火箭残骸和 5 年前中国留在太空中的火箭残骸当空相撞!1974 年美国的一枚火箭的最后一级推进器在完成使命后便滞留在近地轨道上,一呆就是 31 年;2000 年,中国的"长征 4 号"运载火箭的第三级火箭在完成使命后,火箭残骸也顺势滞留在了太空中,二者在相邻的近地轨道上运行。可是原来"井水不犯河水"的两截火箭残骸在运行过程中因其中一截突然改变轨道而不期而遇,上演了一幕"太空碰碰车"。

轨道环境令人担忧

众多的太空垃圾让地球的轨道环境令人担忧。各种卫星、航天器在轨道上运行时,十分无奈地都成了大球躲弹球的"玩家"。太空垃圾就像在高速公路上无人驾驶、随意乱开的汽车,你不知道它什么时候刹车,什么时候变线。它们是宇宙交通事故潜在的"肇事者",对于宇航员和飞行器来说都是巨大的威胁。

欧洲航天局地面控制中心曾经发布一张计算机模拟图,这张图显示的是地球表面被数百万片太空垃圾碎片包围的情景,其景象可谓是惨不忍睹。目前地球周围的宇宙空间还算开阔,太空垃圾在太空中发生碰撞的概率很小,但一旦撞上,就是毁灭性的。不过这还不是最重要的;最让航天专家头疼的其实是——每一次撞击并不能让碎片互相湮灭,而是产生更多碎片,而每一个新的碎片又是一个新的碰撞危险源。所以这张模拟图中的景象很有可能便是地球的未来。假如真的到了这一天,人类探索宇宙的道路该何去何从呢?

解决太空垃圾问题任重道远

人们注意到太空垃圾已经成了一个十分严重的问题,但是想要解决这个问题却让人颇为头疼,在现阶段,想要清理太空垃圾是不可能的。首先,人类可以花费的资金有限,各国也不愿意投入这么大的成本来解决这个问题。其次,也是最重要的一点,那就是在技术上解决这个问题暂时还是不可能的。虽然有人提出过各种解决太空垃圾问题的方法,比如制造威力巨大的激光发射器,从地面发射强大的激光将垃圾推至离地球更近的地方然后让它自行下落燃烧坠毁,或者制造太空垃圾回收车,在指定轨道上将垃圾收集起来带回地面,但这些在现阶段几乎都是不可实现的。不过,现在人们有了对太空垃圾危害性的认识,相信我们终会找到解决太空垃圾的合理有效的途径。当然,这需要全人类共同努力。

航天飞机与空间站

动物宇航员

人类老早就有了飞天的梦想，可是第一位登上太空的地球生物却是小狗"莱伊卡"。它是第一位登上太空的动物英雄。

1960 年 5 月 15 日，那时人类还没有进入太空。苏联拜努尔火箭发射场请来了一位特殊的宇航员——小狗"来伊卡"。它乘第一艘卫星式飞船，成为第一位登上太空的动物。这艘飞船原来打算是要返回的。可是，因为制动装置的一个小毛病，使飞船在返回时偏了一点角度，而飞入更高的轨道，返回失败。飞船成了太空"流浪儿"。

可怜的小狗"莱伊卡"为人类向太空的迈进献出可爱的生命。

几个月后，另外两只经过一年训练的狗，在 1960 年 8 月 19 日创造了历史，成为前苏联第一批安全从轨道返回地球的动物。事实上它们并不孤单，陪它们进入轨道的，还有一只兔子、40 只老鼠、一对大白鼠、一些苍蝇和植物。

把人送上太空去，多复杂呀，要是有一点没考虑，就会出现类似小狗"莱伊卡"的悲剧。

在太空环境里生活，还有失重、超重、生长发育、代谢、遗传等许多问题需要考虑周到。因此，科学家就先请动物到太空去试试。

1959 年 7 月，美国的两只狗狗奥特瓦日纳亚和斯内兹恩卡与兔子马尔弗沙一起进入太空。奥特瓦日纳亚的名字的意思是"勇敢者"，这只狗狗最终成为一名经验丰富的飞行员,总共进行了 5 次太空飞行。

1992 年登上"奋进"号航天飞机的一名宇航员手里拿着一只青蛙。美国宇航局把青蛙送入太空,用来研究失重状态会对两栖动物的卵受精和孵化产生什么影响。

1998 年 4 月 17 日,美国"哥伦比亚"号航天飞机载着一个庞大的动物军团升空,他们有着特殊的任务,开展动物的神经专项实验。航天飞机上有 7 名宇航员,他们也要在自己身体上进行 11 项实验。

这次上太空的动物有 2000 多个,他们是 18 只怀着小宝宝的田鼠、152 只出生不久的小白鼠、135 只蜗牛、229 条箭鱼、1500 只蟋蟀。没有兔子。他们要做 15 个项目的实验。

多有趣呀,这么多动物一起登上太空,使航天飞机成了一个大动物园。原来寂寞的太空旅行,这下子老鼠跳,蜗牛爬,鱼儿游,蟋蟀叫,一定充满了生机与乐趣!

至今经常遨游太空的动物有猴子、小狗、白鼠、黑猩猩、兔子、豚鼠、蛙、昆虫等。

在航天领域里,动物永远是先行。因为航天事业永无止境,人类登上了月球,探测了太阳系中的一些星球,还要向更远的太空进发。他们每向太空迈进一步,不是让动物先去试试,就是带着动物一起去。动物到太空可不是好玩的,他们是有任务的。

动物太空探索家下一步会做什么呢? 它们将帮助我们解决有关人类探索更远太阳系可能遇到的一些难题。一批科学家希望借助一颗卫星把老鼠发射到轨道里,用来模拟火星的重力,看一看它们会有什么反应。火星的重力位于太空的失重状态和地球的重力状态之间。

小狗航天员

猩猩航天员

宇宙飞船不像船

在大气层内飞行叫航空。像飞机、飞艇、气球等就是航空器。

飞出大气层，在地球轨道上飞行，或飞往别的星球，叫航天。卫星、宇宙飞船、航天飞机等是航天器。

望着归来的"神舟"号载人试验飞船，你会发现宇宙飞船不像船。

宇宙飞船可以做成圆形或别的形状，的确一点也不像船。只是因为宇宙飞船要在茫茫天海里飞来飞去，所以才借用了"船"这个名字。

和在大海里航行的船只一样，飞船也有载人和载货之分。

载人的宇宙飞船比载货的宇宙飞船要复杂得多。通常，载人飞船有3个舱段。位于飞船的底部的是推进舱，主管飞船的动力；宇航员乘坐的叫返回舱，设在飞船的中部。舱里有宇航员的生活必须设施，它是飞船的控制中心及与地面联络的通信中心，它是载人飞船的核心舱段。还有一个轨道舱，它内部装了各种仪器，可用于科学实验及对地观测。

当飞船完成任务，要回家时，只有宇航员乘坐的返回舱才返回地球，其他的两个舱段都留在太空上，成为在太空游荡的太空垃圾。

载人宇宙飞船飞回地面的只有一小部分，其他的都成了太空垃圾，既污染了太空也造成了浪费。这多不好呀，有没有更好的航天飞行器呢？朋友一定猜出来了，对，那就是航天飞机。

1981年4月12日，美国航天飞机"哥伦比亚"号在一阵轰鸣声中飞向天空。它飞得真快呀,比声音的速度还快 20 倍。两天后,它接预定回到了地面,这架人类首飞太空的航天飞机和两名宇航员受到了热烈的欢迎。

航天飞机真的很了不起,它既是运载火箭,也是宇宙飞船,又是航空飞机。航天飞机外形很像喷气式飞机,可以乘坐 10 名宇航员,不穿宇航服生活许多天。

航天飞机最大的好处就是可以像飞机一样,一次又一次地重复飞向太空。当然,航天飞机作一次太空旅行,可比飞机飞一次航班辛苦多了。因为航天飞机会被快速经过大气层时动力加热和陨石弄得伤痕累累,不过当它回到地面上,经过一段时间修理,整容就会焕然一新,又可以执行下一次航天任务了。每架航天飞机可以重复飞行 100 次以上。

航天飞机一般飞行在离地球 4000 米左右的高空,是人类进行空间探测和航天科学试验的重要运输工具。用航天飞机可以施放卫星、维修和拦截卫星、进行军事侦察,还可以用航天飞机来轰炸地面设施。可以用航天飞机运送人员和货物到太空组建空间站,并像公共汽车一样往返于地球和太空之间,负责接送宇航员到空间站工作。

航天飞机是可重复使用的航天器,因此它的防热层也是可重复使用的。其防热盾多为通过熔结合成的多空玻璃纤维材料,在它们的表面覆盖有一层薄薄的严密的、脆的和耐高温的抗热层。图为发现号航天飞机,其底部的绝热瓦因烧灼而呈黑色。

中国航九归来

惨烈的航天悲剧

一提起航天飞机,就让人想起了挑战者号……升空……爆炸……呜呜呜。

1986 年 1 月 26 日上午,挑战者号航天飞机巍然矗立在发射台上,将进行它的第 11 次飞行。这也是航天飞机的第 25 次发射。

这次乘坐挑战者号的 7 名宇航员中,有一位年轻漂亮的女教师麦考莉芙。她是从 11000 名应征教师中严格挑选出来的,也是美国乘坐航天飞机升入太空的第一位普通公民。按计划,她在这次飞行中将向美国几百万中学生讲授两节"太空"课,并在航天飞机上参加几项科学试验,录成电视后向美国各地中学生播放。

在看台上,麦考莉芙的父母、丈夫和她的 18 个学生都翘首以待挑战者号发射升空的壮观景象。

11 时 38 分,挑战者号点火升空,像一条火龙直冲云霄。看台上一片欢腾。麦考莉芙学校的学生们激动得吹起了小喇叭,敲响了小洋鼓。

正常飞行到 73 秒时,碧空突然一声炸响,挑战者号航天飞机顷刻间爆裂成一团巨大的火球,碎片拖着浓烈的火焰和白烟四处飞散……

惨烈的爆炸在一瞬间发生,看台上的观众被这场灾难惊呆了,一时明白过来,个个失声痛哭。麦考莉芙的父母紧紧抱在一起,神色凄迷,老泪纵横。欢呼雀跃的孩子们寂静了片刻后,放声大哭。

为什么？为什么会是这样？

　　事后经调查证实,造成这次事故的直接原因,是由于航天飞机当时是在零下1度的低温条件下发射,航天飞机右侧的固体火箭助推器的密封圈失效,以致燃气外泄,形成火舌,引燃了外部燃料箱,导致航天飞机瞬间爆炸。

　　挑战者号爆炸,7名宇航员和价值10多亿美元的航天飞机顷刻间化为乌有,成为航天史上最为惨烈的发射失败事件。为了纪念和缅怀遇难的7名宇航员,在肯尼迪航天中心的航天科技馆,专门建造了一座造型别致、可任意旋转的大型挑战者号殉难者纪念碑,让人们永远铭记这惨痛的教训和因此而献身的航天先驱们。

挑战者号上的7名宇航员

挑战者号升空

太空医院

宇航员都是身体最棒的,可是为什么当他们从太空旅行回来时,有的人连走出太空舱的力气都没有了,在太空飞行真的很累吗? 是不是他们生病了。

其实,在太空航行并不像我们原来想象得那么好玩,宇航员是很辛苦的。还有一些太空病时时折磨着宇航员。

一天,当宇航员诺姆·沙加德坐在飞船上遨游太空时,他不经意地瞧了瞧镜子。镜中的形象使他大吃一惊,他的脸又肿又红,像个大红萝卜。为什么会这样呢? 这是因为在进入太空的头几天里,人体的血液和体内其他液体由于失去地球的引力,纷纷涌向头部。宇航员都成了大圆脸,鼓眼睛,变成了另外一个人了。好在这种情况会慢慢消失。另外,还有大约1/3 的宇航员上太空,会有晕车晕船的感觉,头晕目眩,胃部不适,恶心呕吐。有人持续几小时,还有人持续几天。

在太空,宇航员都是在密封的太空舱里渡过,即使在舱外活动也是穿着与外界隔绝的太空服。所以他们往往会皮肤龟裂和染上皮肤过敏症。

长期停留在太空的宇航员,身体内的钙会大量流失,从而使骨骼变得疏松,肌肉也软弱无力。所以一些宇航员回到地面后走不动路了。不过几天后他们就可以完全恢复。

更可怕的是宇宙辐射,尽管航天飞机和宇宙飞船等航天器和宇航服都有完好的生命保障系统,不会被宇宙辐射所伤害。但是如果遇上一次大的太阳耀斑,宇航员很可能会接收到比通常大得多的宇宙辐射。

在太空失重的条件下,人们不需要像地球上那么多的能量,新陈代谢速度减慢,食物的摄入量大大减少。人体肌肉质量也会减少,心率也会减慢,从而减轻心脏的负担。因此,在太空可以延缓人体的衰老过程。

随着航天业的发展,会有越来越多的人到太空工作、考察、旅游。如果有人在太空生病了怎么办呢?

科学家们设计了用计算机控制的太空医院,准备将它建设在永久性的空间站里。太空医院中的医生,是最了不起的医生,他们要懂内科、外科,会动手术,还得会治疗五官科的疾病。他们还是最优秀的科研工作者,在太空他们还得研究人体在航天环境中的生理变化。

要是得了急病,在太空医院治不好怎么办?这样的倒霉事,也许真的会发生。因此,科学家们还设计了一台航天救护车,它是由一架航天飞机改装而成。一旦太空发出呼救信号,航天救护车可立即升空,进行太空营救,将在太空医院无法救治的病人及时地送往地面医院抢救。

这架"救护车"上还有一批有能力,受过航天训练的医生、护士对病人在飞行过程中进行救护。

航天飞机

摘颗星星带回来

太可怕了,到处都是垃圾,地球最后会被垃圾覆盖,连太空中也是充满着垃圾。

在最近的几十年中,人类已向宇宙发射了数以万计的人造卫星、宇宙飞船等航天器。他们中有一些发生故障,裂成碎片,有的失去功能而报废,成为在太空中漫游的太空垃圾。到目前为止,人们已观测到的航天器残骸竟有成千上万块。

太空垃圾运行速度极快,冲击力很大,一旦与在太空行走工作的宇航员相撞,会造成生命危险。金属碎片撞上航天器,还有可能发生爆炸。此外,太空垃圾还影响人们对太空的观测和研究。

怎样解决这个问题呢?科学家们设法通过按时收回失效的卫星,将回收的卫星在地面修理,改进后还可以再次上天,这样,不但清除了一些太空垃圾,还大大节省了经费。

上天摘星星是多少童话中的幻想。可是,你知道吗?在科学技术高度发展的今天,上天摘星星已经成了事实。

1984 年 11 月 12 日和 14 日,美国航天飞机"发现"号,真的从太空摘下两颗星星——人造地球通讯卫星,并把它们带回了地面。

这是两颗不能正常工作的太空"流浪儿"。地球上的主人打算把它们带回家去。

摘星星是很有趣的,它分为两个程序进行:首先是追赶,然后是捕捉和搬运。

"发现"号航天飞机用了 4 天的时间追赶上了这两颗可怜的太空"流浪儿",并把航天飞机和卫星的距离缩短不到 11 米。

这时,两名宇航员穿上"航天喷气包",手持长 6 米的权杆,"漂"上去捉住第一颗卫星。抓住卫星的一头一尾——天线和喷气管道,然后航天飞机上伸出一只长长的机械手,帮助把卫星拖进货舱指定位置。

这第一颗卫星像个淘气的孩子,捉它回家,花了 6 小时又 10 分钟,比原定时间延长了 10 分钟。

两天后(14 日),比较顺利地把第二颗卫星也捉了回来。

真是太完美了。从天上捕捉没用的卫星,把它修好后再用,比重新造一颗卫星要便宜得多。再说,没用的卫星就成了太空垃圾,清扫太空垃圾,废物利用也是人类义不容辞的责任。

科学家还设想在太空建立垃圾站,把航天器的碎片和那些没有用的航天废弃物收集起来,进行处理。

还有几位为航天事业献出生命的宇航员的遗体也在太空中飘行。对于这些为航天事业献出生命的英雄的遗体,我们该怎么处理呢？也许将来还得建造太空墓地。

人造地球卫星

空中城堡——国际空间站

太空空间站就像一所大房子,不同的是,这个大房子我们不是把他建在地球上,而是建在太空中,我们的太空人们就可以长期居住在里面。不过比较特别的是,因为没有了地球的引力,太空站里的太空人,是漂浮在太空站里的,有点像在游泳一样。

劳苦功高的和平号空间轨道站

1999 年 8 月 27 日,当最后一批宇航员离开和平号空间轨道站后,它便退休了,转入终止使用状态下的飞行。于 2001 年 3 月 23 日沉入太平洋。

和平号空间轨道站是迄今人类创造的最了不起的"太空大厦",它于 1986 年 2 月 20 日发射升空,是世界上飞行时间最长,组合尺寸最大,累计载人最多的空间站。以它为基础,可以像小孩搭积木一样,一节一节地与别的轨道舱相连接,也可以和载人飞船和航天飞机对接。

与几个轨道舱对接后可组成 50 多米长,123 吨的"太空大厦"。

在这座大厦中工作过的各国宇航员共有 106 人次,进行了 2.2 万多个科学项目的研究和考察。其中最引人注目的实验是延长人在太空的逗留时间,因为这是人类飞出地球遥篮,迈向别的星球最关键的一步。

俄罗斯宇航员创造了在和平号空间站上连续飞行 438 天的记录,这是 20 世纪航天史上的一项重要成果。

国际空间站

俄罗斯的和平号空间轨道站退役后。1998 年 11 月,美国、俄罗斯、加拿大、日本、巴西及欧洲 11 国共 16 个国家,开始联合组建一个永久性的"国际空间"站。11 月 20 日俄罗斯发射了"曙光"号多功能货舱;12 月 4 日,美国发射了"团结"号舱并与"曙光"号连接。

国际空间站有上百个组件组成,需要进行数十次发射才能把全部组件送入轨道。如:北京时间 2011 年 5 月 16 日晚间,美国奋进号航天飞机在佛罗里达州肯尼迪航天中心发射升空展开最后一次太空之旅,为国际空间站输送价值 20 亿美元的太空实验设施,并会逗留 12 天。

2012 年 5 月 22 日,美国太空探索技术公司当日凌晨向国际空间站发射"龙"飞船。搭载"龙"飞船的"猎鹰 9"号火箭从美国佛罗里达州卡纳维拉尔角空军基地升空。这是世界第一艘向空间站发射的商业飞船。"龙"飞船高约 6.1 米,直径约 3.7 米,此行携带近 500 公斤货物,主要是食品和衣服等。

耗资 1000 亿美元的国际空间站用时 13 年在轨道里建设完成,空间站位于距离地面大约 360 千米的轨道里。国际空间站很宏伟,结构复杂,规模大,由航天员居住舱、实验舱、服务舱,对接过渡舱等 13 个空间组成。长 108 米、宽(含翼展)88 米,载人舱内大气压与地表面相同,常驻居民可达 6 人。该站重近 100 万磅(453.59 吨),大约相当于 320 辆小轿车的重量。

在国际空间站里,科学家们将研究人如何在太空安全、长期生存这一重大课题,并在太空开展更多项目的科学实验、研究和特殊产品的生产。

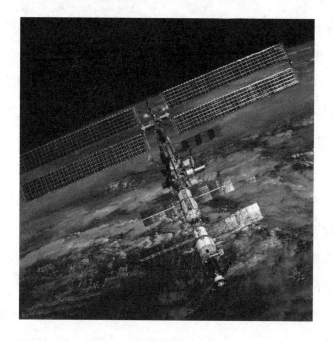

国际空间站

2010 年 7 月 5 日,国际空间站已进入"暮色地带",令世界某些地方的业余天文爱好者在 7 月 1 日晚可以前所未有地多次观测到这个轨道实验室。

国际空间站在距地面约 360 千米的高空飞行,每 90 分钟绕地球飞行一圈。每到夜晚,国际空间站从头顶飞过的时候,我们并不一定能看到,因为在大约 30% 的时间里,它被地球阴影所笼罩。不过,国际空间站的轨道每年会有一次与所谓的"昼夜明暗界限"(地球昼侧与夜侧边界的永久暮色区域)接近于平行。

一旦进入这个区域,当国际空间站每次从头顶经过时,从黄昏到第二天拂晓,我们的肉眼都能看到。美宇航局马歇尔太空飞行中心的威廉姆·库克表示:"这是观测天空的绝佳机会,因为国际空间站的飞行轨道始终保持那种方位,直至 7 月 2 日,它将处于阳光照射之下。这意味着,你拥有特别的观测机会,可以一晚看到三到五次国际空间站。"

国际空间站的建设接近于完成,目前相当于一个美国标准橄榄球场大小。国际空间站表面被发光金属和大量高反射性太阳能电池板覆盖,这样,肉眼也能相对容易地看到它,即便是从城市中心。偶尔,国际空间站会是夜空中仅次于月球的第二亮点。国际空间站以每小时 27350 公里的速度绕地球轨道飞行,看上去就像一颗迅速从天际划过的流星,会在约两到四分钟内在天空画一道圆弧。

库克指出,我们很容易辨别出国际空间站和飞机的不同,因为前者始终会发出白光。近年来,业余天文爱好者可以通过安设在院子里的望远镜,跟踪和拍摄国际空间站的照片。库克说,人们现在可以"清楚看到结构性细节,比如空间站太空舱、太阳能电池板,甚至有的时候,还能看到空间站与航天飞机对接后的画面。"

据美国宇航局太空网报道,俄罗斯太空官员宣布,他们打算在 2020 年国际空间站的使用期限结束后,把它沉入大海,避免它变成太空垃圾后引发永久性问题。

据媒体报道,俄罗斯航天署副署长维塔利·达维多夫说:"等到国际空间站完成使命后,我们将被迫把它沉入大海。它不能继续留在轨道里,因为它太复杂,体积太大、太重,如果留在太空它会产生大量太空垃圾。"但是 2020 年似乎并不是空间站的最终末日。虽然俄罗斯及其国际合作者已经同意至少让该站运行到 2020 年,但是,进行国际合作的宇航局之间的初次会面,已经研究了进一步延长空间站寿命的可能性。

设计中的太空城

　　由于地球上的人口越来越多,资源越用越少,人类在若干年后不得不向太空移民,向别的星球索取资源。参考者来到设计中的太空城参观,他们登上了模拟的航天飞机飞往设计中的太空城。

　　太空城是一颗居民卫星。它建在太阳、地球、月亮的引力能保持平衡的空间。太空城的建筑材料是由月球工厂生产的组合部件,由宇宙飞船运往太空,在失重的情况下由太空建筑师和机器人组装成需要的形状。

　　太空城是一座圆筒形的城市,长 32 千米,直径 6.4 千米,可以住十几万人;从城市的一头走到另一头,得花六七个小时。它是全封闭的,这里有山坡,有小溪,有草地和牧场,还有工厂、学校、医院、店铺。生活环境和地球完全一样。最重要的是太空城里具有跟地球相同的重力作用,要不然生活在那里的人和物都会因为失重飘荡在空中,上不着天,下不着地了。

　　怎样就能产生重力了呢? 旋转。这个圆筒形的太空城市,以中轴为旋转轴,每分钟自转一周,使得圆筒内壁产生一股离心力,正好跟地球表面的重力正好相等。圆筒的内壁正好是城市的地面。因此,生活在太空城的人,站在那的地面上,跟站在地球的地面上的感觉是大同小异的,因为无论站在哪儿,你的头顶都正好正对这圆筒的中轴线。

　　太空城里还得有昼夜和四季的变化,人在那生活才会有规律。这个问题是怎么解决的呢？科学家打算在圆筒壁上开三个天窗。天窗和筒身一样长，间隔相等，将圆筒壁，也就是太空城的地面，分割成三个同样大小的区域。

每个天窗的外面，装着一面长长的镜子。镜子是由电脑控制的，按照一定的规定转动，将照射到它上面的太阳光以不同的角度反射到太空城里去，使在城市里住的人们跟在地球上住着一样，照样感受昼夜和四季变化。只是晚上的月亮和星星是假的。太空城中也有风、雨、雷电，那成了人们对自然景观的一种享受，想要什么样的天气，根据居民投票来定。因此，天气预报改为天气通知。

太空城划分成行政区、住宅区、文化区和商业区，最大的是游览区。游览区里有蜿蜒起伏的青山，有潺潺不断的绿水；花草遍地，果树成林。没有灰土的公路上奔驰着没有噪音、不排放废气的车，环境比地球强太多了！

想象得到吗？天空中朵朵白云，河面上点点白帆，树林里百鸟齐鸣，草原上鹿兔嬉戏。还有一个特别好玩的景色，透过天空中的浮云，你能隐隐约约看到头顶上的"地面"。那里的山峰、树木、房屋和行人都是头朝下倒立着的。

太空城里生活着十几万人，人们吃的、喝的、用的那些生活必需品都怎么办呢？从地球上运来？那就太牛了！其实太空城完全能自给自足。人们在那里种植粮食和蔬菜，饲养牲畜，开设工厂，空气和废水都回收处理，循环使用。太空城像地球一样，是一个自我封闭的生态系统，唯一的依靠就是太阳。

太空城拥有一批工厂。工厂排除的废水和废气会污染环境，所以工厂区都设在圆筒的两端，远离生活区，并且与生活区隔绝。圆筒的中轴部分没有离心力,是一个失重的区域,这里的工厂正好可以利用失重的特殊条件生产出在地球无法生产的东西。比如冶炼那些很难熔化的金属,提炼非常纯净的大块晶体,加工滚圆滚圆的钢珠,制造轻得能浮在水面的泡沫钢,细得用放大镜才能看得到的金属丝,薄得透明的金属膜等等。生产太空城居民生产所需要的产品和为地球生产高级、精密、尖端的产品。工厂排出的废气可被太阳风吹离太阳系。

圆筒的顶部还有一大圈茶杯模样的结构。那是什么呢? 那是自动化农场。农场里,按一定形式整齐排列生长着各种植物。西红柿长得像西瓜那么大,黄瓜长得一米多长。因为这儿的阳光、温度、降雨可以随意调节,种子经过无菌处理,没有任何自然灾害。

这里的庄稼一年可以收获四五次,产量比地球高好几倍;牲畜和家禽也可能由于失重能长得比地球的大。农场里一年四季瓜果不断,鱼虾肥美,农产品自给自足完全没有问题。

太空城里还有设备完善的科学站和天文台。从这里考察地球,可以看到地球的全貌,可以全面地研究地球上的农业、地质、天文、气象、土壤、地震、环境污染等问题。宇宙空间没有云雾雨雪,没有大气,太阳和星星发出的光线和无线电波不会被吸收和反射,是进行天文观察和研究的最好场所。圆筒的顶部还有一个空间码头,从地球或其他太空城来的飞船可以在这里停靠。

太空城,是怎样建成的? 很费劲。起码得几百万吨建筑材料。这么多的材料最好别从地球运来,从月球或者地球附近的小行星上就地取材更加合算。科学家分析了月球岩石标本之后,发现月球岩石中含有丰富的铝、铁、钛、硅、氧等元素。太空城的建筑材料有 95% 可以从月球找到。月球的引力比地球的小多了,物体脱离地球得达到 11200 米/秒,而脱离月球只需要 2400 米/秒就行了,把同样重的材料送到太空,从月球出发比从地球出发省 95％的能量。

在建太空城之前,应该先开发月球,利用月球上的资源建造太空城。科学家估计,只要派 150 个人上月球,每年可以开采 100 多万吨矿石。将矿石用磁发射装置抛射到空间冶炼厂,利用太阳能加热、冶炼、加工成铝材、玻璃等等各种建筑材料和构件,然后派出一批人工,主要是太空机器人,到轨道上去进行无与伦比的高空作业,装配建造太空城市。

就这样,一座充满神奇色彩的太空城市,飘浮在地球附近的太空中。天上人间,靠你我的智慧和劳动一起去开创。

参观了太空城的游客乘坐星际公共汽车到宇宙航天站,然后再换乘航天飞机飞回了地球。

这是一次多么有趣的旅行呀!